建筑与市政工程施工现场专业人员继续教育教材

工程造价新清单规范实务

中国建设教育协会继续教育委员会　组织编写

张囡囡　赵泽红　主编

中国建筑工业出版社

图书在版编目（CIP）数据

工程造价新清单规范实务/中国建设教育协会继续教育委员会组织编写．—北京：中国建筑工业出版社，2016.4

建筑与市政工程施工现场专业人员继续教育教材

ISBN 978-7-112-18940-3

Ⅰ．①工… Ⅱ．①中… Ⅲ．①建筑造价管理-教材 Ⅳ．①TU723.3

中国版本图书馆 CIP 数据核字(2016)第 004899 号

随着《建设工程工程量清单计价规范》GB 50500—2013 的出台，对我国建设工程中的工程价款管理标志着我国工程价款管理提出了更高的要求。对比旧版规范，新版规范中有新增条款，也对部分条款做了一定修改，本书主要结合新版和旧版规范对造价管理实务知识进行了介绍。本书主要包括八章内容：新旧清单计价规范造价管理相关条款对比分析，工程量清单计价规范下的招标控制价操作实务，工程量清单计价规范下的投标报价操作实务，工程量清单计价规范下的合同价款调整操作实务，工程量清单计价规范下的工程价款支付操作实务，工程量清单计价规范下的工程变更操作实务，工程量清单计价规范下的工程索赔操作实务，工程量清单计价规范下的工程结算操作实务。

本书主要用作于工程管理专业相关从业人员的继续教育教材，也可供其他相关从业人员参考。

责任编辑：朱首明　李　明　李　阳　吴越恺

责任设计：李志立

责任校对：李欣慰　党　蕾

建筑与市政工程施工现场专业人员继续教育教材

工程造价新清单规范实务

中国建设教育协会继续教育委员会　组织编写

张囡囡　赵泽红　主编

*

中国建筑工业出版社出版、发行（北京西郊百万庄）

各地新华书店、建筑书店经销

北京红光制版公司制版

北京市安泰印刷厂印刷

*

开本：787×1092 毫米　1/16　印张：8¼　字数：201 千字

2016 年 4 月第一版　　2016 年 4 月第一次印刷

定价：**23.00** 元

ISBN 978-7-112-18940-3

(28203)

建筑与市政工程施工现场专业
人员继续教育教材
编审委员会

参编单位：

中建一局培训中心

北京建工培训中心

山东省建筑科学研究院

哈尔滨工业大学

河北工业大学

河北建筑工程学院

上海建峰职业技术学院

杭州建工集团有限责任公司

浙江赐泽标准技术咨询有限公司

浙江铭轩建筑工程有限公司

华恒建设集团有限公司

序

建筑与市政工程施工现场专业人员队伍素质是影响工程质量、安全、进度的关键因素。我国从20世纪80年代开始，在建设行业开展关键岗位培训考核和持证上岗工作，对于提高建设行业从业人员的素质起到了积极的作用。进入21世纪，在改革行政审批制度和转变政府职能的背景下，建设行业教育主管部门转变行业人才工作思路，积极规划和组织职业标准的研发。在住房和城乡建设部人事司的主持下，由中国建设教育协会主编了建设行业的第一部职业标准——《建筑与市政工程施工现场专业人员职业标准》JGJ/T 250—2011，于2012年1月1日起实施。为推动该标准的贯彻落实，中国建设教育协会组织有关专家编写了考核评价大纲、标准培训教材和配套习题集。

随着时代的发展，建筑技术日新月异，为了让从业人员跟上时代的发展要求，使他们的从业有后继动力，就要在行业内建立终身学习制度。为此，为了满足建设行业现场专业人员继续教育培训工作的需要，继续教育委员会组织业内专家，按照《标准》中对从业人员能力的要求，结合行业发展的需求，编写了《建筑与市政工程施工现场专业人员继续教育教材》。

本套教材作者均为长期从事技术工作和培训工作的业内专家，主要内容都经过反复筛选，特别注意满足企业用人需求，加强专业人员岗位实操能力。编写时均以企业岗位实际需求为出发点，按照简洁、实用的原则，精选热点专题，突出能力提升，能在有限的学时内满足现场专业人员继续教育培训的需求。我们还邀请专家为通用教材录制了视频课程，以方便大家学习。

由于时间仓促，教材编写过程中难免存在不足，我们恳请使用本套教材的培训机构、教师和广大学员多提宝贵意见，以便我们今后进一步修订，使其不断完善。

中国建设教育协会继续教育委员会

2015年12月

前　言

中华人民共和国住房和城乡建设部于2012年12月25日发布1567号文，2013年7月1日实施《建设工程工程量清单计价规范》GB 50500—2013。2013版《规范》相对于2008版《规范》既有继承也有发展变革，不仅对旧《规范》进行全方位修改、补充和完善，较好地解决了旧《规范》执行以来存在的主要问题，而且对清单编制和计价的指导思想进行了深化，在“政府宏观调控、部门动态监管、企业自主报价、市场决定价格”的基础上，2013版《规范》规定了合同价款约定、合同价款调整、合同价款中期支付、竣工结算支付以及合同解除的价款结算与支付、合同价款争议的解决方法，展现了加强市场监管的措施，强化了清单计价的执行力度。

2013版《规范》的出台，标志着我国工程价款管理迈入全过程精细化管理的新时代，工程价款管理将向集约型管理、科学化管理、全过程管理、重在前期管理的方向转变和发展。那么在这种情况下尤其需要造价管理人员掌握2013版《规范》的使用要点，在实际项目操作中做好造价的管控工作。

本书主要从以下几方面对造价管理实务知识进行了介绍：新旧清单造价管理相关条款对比分析；工程量清单计价规范下的招标控制价操作实务；工程量清单计价规范下的投标报价操作实务；工程量清单计价规范下的合同价款调整操作实务；工程量清单计价规范下的工程价款支付操作实务；工程量清单计价规范下的工程变更操作实务；工程量清单计价规范下的工程索赔操作实务；工程量清单计价规范下的工程结算操作实务。

本书由张囡囡、赵泽红编写。在编写过程中得到了有关同仁的大力支持、热心指点和帮助。仅向所有给予本书关心和帮助的人们致以衷心的感谢！由于工程建设具有复杂性、定额与预算实务具有地方性，加上手头资料和知识水平的局限性，错误与缺陷难以避免，不妥之处敬请广大热心读者给予批评指正！

目　录

一、新旧清单计价规范造价管理相关条款对比分析

工程量清单计价是我国改革现行的工程造价计价方法和招标投标中报价方法与国际通行惯例接轨所采取的一种方式。从2003版《建设工程工程量清单计价规范》（以下简称2003版《规范》）推行，到2008版《规范》的广泛应用，国内建设项目计价体系已由定额计价转变为工程量清单计价。2013版《建设工程工程量清单计价规范》（以下简称2013版《规范》）对2008版《建设工程工程量清单计价规范》（以下简称2008版《规范》）进行全方位修改、补充和完善，它不仅较好地解决了2008版《规范》执行以来存在的主要问题，而且对清单编制和计价的指导思想进行了深化，在“政府宏观调控、部门动态监管、企业自主报价、市场决定价格”的基础上，2013版《规范》规定了合同价款约定、合同价款调整、合同价款中期支付、竣工结算支付以及合同解除的价款结算与支付、合同价款争议的解决方法，展现了加强市场监管的措施，强化了清单计价的执行力度。

2008版《规范》主要侧重工程量清单计价技术，旨在规范工程量清单招标投标的工程量清单计价行为，是一本地地道道的技术规范。2013版《规范》涵盖从招标投标开始至竣工结算为止的施工阶段全过程工程计价技术与管理，使工程施工过程的每个计价环节有“规”可依，有“章”可循，并按施工顺序承前启后，相互贯通，构筑起规范工程造价计价行为的长效机制，是一本融全过程工程计价技术与管理于一体的规范。

2013版《规范》的出台，标志着我国工程价款管理迈入全过程精细化管理的新时代，工程价款管理将向集约型管理、科学化管理、全过程管理、重在前期管理的方向转变和发展。

1. 2013版《规范》专业划分更加精细

2013版《规范》将2008版《规范》中的六个专业（建筑、装饰、安装、市政、园林、矿山），重新进行了精细化调整：

（1）将建筑与装饰专业合并为一个专业；

（2）将仿古从园林专业中分开，拆解为一个新专业；

（3）新增了构筑物、城市轨道交通、爆破工程三个专业。

调整后分为以下九个专业：

1）房屋建筑与装饰工程；

2）仿古建筑工程；

3）通用安装工程；

4）市政工程；

5）园林绿化工程；

6）矿山工程；

7）构筑物工程；

8）城市轨道交通工程；

9）爆破工程。

由此可见，2013 版《规范》各个专业之间的划分更加清晰、更加具有针对性和可操作性。

2. 2013 版《规范》对强制性条款的规定进行了改变，强制性的增强主要体现在以下两个方面：

(1) 新清单规范强制条文范围扩大。2008 版《规范》与 2013 版《规范》强制条款的数量均为 15 条。但 2013 版《规范》增加了对风险分担、措施项目清单编制、招标控制价的使用、投标报价、工程计量五个内容的强制性条文，加大了强制条款的作用范围，基本上涵盖了工程施工阶段的全过程，详见表 1-1。

新旧工程量清单计价规范强制性条文新增及取消对比表　　表 1-1

<table>
<tr><th colspan="2">2008 版</th><th colspan="2">2013 版</th></tr>
<tr><th>条款</th><th>强制性条文规定</th><th>条款</th><th>强制性条文规定</th></tr>
<tr><td>3.2.3</td><td>分部分项工程量清单的项目编码，应采用十二位阿拉伯数字表示。一至九位应按附录的规定设置，十至十二位应根据拟建工程的工程量清单项目名称设置。同一招标工程的项目编码不得有重码</td><td rowspan="5">取消</td><td rowspan="5">取消</td></tr>
<tr><td>3.2.4</td><td>分部分项工程量清单的项目名称应按附录的项目名称结合拟建工程的实际确定</td></tr>
<tr><td>3.2.5</td><td>分部分项工程量清单中所列工程量应按附录中规定的工程量计算规则计算</td></tr>
<tr><td>3.2.6</td><td>分部分项工程量清单的计量单位应按附录中规定的计量单位确定</td></tr>
<tr><td>3.2.7</td><td>分部分项工程量清单项目特征应按附录中规定的项目特征，结合拟建工程项目的实际予以描述</td></tr>
<tr><td>1.0.3</td><td>全部使用国有资金投资或国有资金投资为主（以下二者简称“国有资金投资”）的工程建设项目，必须采用工程量清单计价</td><td>3.1.1</td><td>使用国有资金投资的建设工程发承包，必须采用工程量清单计价</td></tr>
<tr><td>4.1.2</td><td>分部分项工程量清单应采用综合单价计价</td><td>3.1.4</td><td>工程量清单应采用综合单价计价</td></tr>
<tr><td>—</td><td>—</td><td>3.4.1</td><td>建设工程发承包，必须在招标文件、合同中明确计价中的风险内容及其范围，不得采用无限风险、所有风险或类似语句规定计价中的风险内容及范围（新增）</td></tr>
<tr><td>3.1.2</td><td>采用工程量清单方式招标，工程量清单必须作为招标文件的组成部分，其准确性和完整性由招标人负责</td><td>4.1.2</td><td>招标工程量清单必须作为招标文件的组成部分，其准确性和完整性由招标人负责</td></tr>
</table>

续表

2008版		2013版	
条款	强制性条文规定	条款	强制性条文规定
—	—	4.3.1	措施项目清单必须根据相关工程现行国家计量规范的规定编制（新增）
—	—	5.1.1	国有资金投资的建设工程招标，招标人必须编制招标控制价（新增）
—	—	6.1.3	投标报价不得低于工程成本（新增）
—	—	8.1.1	工程量必须按照相关工程现行国家计量规范规定的工程量计算规则计算（新增）
4.1.3	招标文件中的工程量清单标明的工程量是投标人投标报价的共同基础，竣工结算的工程量按发、承包双方在合同中约定应予计量且实际完成的工程量确定	8.2.1	工程量必须以承包人完成合同工程应予计量的工程量确定

（2）2013版《规范》部分强制性条文语气增强。部分强制性条款由2008版《规范》的“应”变为2013版《规范》的“必须”，这些改变增强了强制性条文的强制性，详见表1-2。

新旧清单强制性条文语气变化对比表 **表1-2**

2008版		2013版	
条款	强制性条文规定	条款	强制性条文规定
4.1.5	措施项目清单中的安全文明施工费应按照国家或省级、行业建设主管部门的规定计价，不得作为竞争性费用	3.1.5	措施项目中的安全文明施工费必须按国家或省级、行业建设主管部门的规定计算，不得作为竞争性费用
4.1.8	规费和税金应按国家或省级、行业建设主管部门的规定计算，不得作为竞争性费用	3.1.6	规费和税金必须按国家或省级、行业建设主管部门的规定计算，不得作为竞争性费用
3.2.1	分部分项工程量清单应包括项目编码、项目名称、项目特征、计量单位和工程量	4.2.1	分部分项工程项目清单必须载明项目编码、项目名称、项目特征、计量单位和工程量
3.2.2	分部分项工程量清单应根据附录规定的项目编码、项目名称、项目特征、计量单位和工程量计算规则进行编制	4.2.2	分部分项工程项目清单必须根据相关工程现行国家计量规范规定的项目编码、项目名称、项目特征、计量单位和工程量计算规则进行编制
4.3.2	投标人应按招标人提供的工程量清单填报价格。填写的项目编码、项目名称、项目特征、计量单位、工程量必须与招标人提供的一致	6.1.4	投标人必须按招标工程量清单填报价格。项目编码、项目名称、项目特征、计量单位、工程量必须与招标工程量清单一致
4.8.1	工程完工后，发、承包双方应在合同约定时间内办理工程竣工结算	11.1.1	工程完工后，发承包双方必须在合同约定时间内办理工程竣工结算

3. 2013版《规范》责任划分更加明确

2013版《规范》对2008版《规范》里责任不够明确的内容做了明确的责任划分和补充。

(1) 阐释了招标工程量清单和已标价工程量清单的定义(2.0.2、2.0.3)

2.0.2　招标工程量清单。招标人依据国家标准、招标文件、设计文件以及施工现场实际情况编制的，随招标文件发布供投标报价的工程量清单，包括其说明和表格。

2.0.3　已标价工程量清单。构成合同文件组成部分的投标文件中已标明价格，经算术性错误修正(如有)且承包人已确认的工程量清单，包括其说明和表格。

(2) 规定了计价风险合理分担的原则(3.4.1、3.4.2、3.4.3、3.4.4、3.4.5)

3.4.1　建设工程发承包，必须在招标文件、合同中明确计价中的风险内容及其范围，不得采用无限风险、所有风险或类似语句规定计价中的风险内容及其范围。

3.4.4　由于承包人使用机械设备、施工技术以及组织管理水平等自身原因造成施工费用增加的，应由承包人全部承担。

3.4.5　当不可抗力发生，影响合同价款时，应按本规范第9.10节的规定执行。

(3) 规定了招标控制价出现误差时投诉与处理的方法(5.3.1～5.3.9)

5.3.1　投标人经复核认为招标人公布的招标控制价未按照本规范的规定进行编制的，应当在招标控制价公布后5天内向招投标监督机构和工程造价管理机构投诉。

5.3.2　投诉人投诉时，应当提交由单位盖章和法定代表人或其委托人签名或盖章的书面投诉书，投诉书应包括下列内容：1) 投诉人与被投诉人的名称、地址及有效联系方式；2) 投诉的招标工程名称、具体事项及理由；3) 投诉依据及有关证明材料；4) 相关的请求及主张。

5.3.3　投诉人不得进行虚假、恶意投诉，阻碍招投标活动的正常进行。

5.3.4　工程造价管理机构在接到投诉书后应在2个工作日内进行审查，对有下列情况之一的，不予受理：1) 投诉人不是所投诉招标工程招标文件的收受人；2) 投诉书提交的时间不符合本规范第5.3.1条规定的；3) 投诉书不符合本规范第5.3.2条规定的；4) 投诉事项已进入行政复议或行政诉讼程序的。

5.3.5　工程造价管理机构应在不迟于结束审查的次日将是否受理投诉的决定书面通知投诉人、被投诉人以及负责该工程招投标监督的招投标管理机构。

5.3.6　工程造价管理机构受理投诉后，应立即对招标控制价进行复查，组织投诉人、被投诉人或其委托的招标控制价编制人等单位人员对投诉问题逐一核对。有关当事人应当予以配合，并应保证所提供资料的真实性。

5.3.7　工程造价管理机构应当在受理投诉的10天内完成复查，特殊情况下可适当延长，并作出书面结论通知投诉人、被投诉人及负责该工程招投标监督的招投标管理机构。

5.3.8　当招标控制价复查结论与原公布的招标控制价误差大于±3%时，应当责成招标人改正。

5.3.9　招标人根据招标控制价复查结论需要重新公布招标控制价的，其最终公布的时间至招标文件要求提交投标文件截止时间不足15天的，应相应延长投标文件的截止时间。

(4) 规定了当法律法规变化、工程变更、项目特征不符、工程量清单缺项、工程量偏

差、物价变化等15种事项发生时，发承包双方应当按照合同约定调整合同价款。（参见2013版《规范》9.1.1）

4. 2013版《规范》明确规定发承包双方风险分担的范围

（1）发包人完全承担的风险——法律法规类风险

2013版《规范》第3.4.2条明确规定了发包人应承担的影响合同价款的风险：

1）国家法律、法规、规章和政策发生变化；

2）省级或行业建设主管部门发布的人工费调整，但承包人对人工费或人工单价的报价高于发布的除外；

3）由政府定价或政府指导价管理的原材料等价格进行了调整。

（2）发包人有条件承担的风险——变更类风险

工程变更、项目特征描述不符、工程量清单缺项属于变更类风险。变更类风险导致的变更发生属于业主的主动行为，由于经过业主（监理人指令）的允许才会发生变更，因此本风险是有条件的发包人承担的风险。

（3）合同约定承发包共担的风险——合同约定其他风险。

1）工程量偏差风险

9.6.2　对于任一招标工程量清单项目，当因本节规定的工程量偏差和第9.3节规定的工程变更等原因导致工程量偏差超过15%时，可进行调整。当工程量增加15%以上时，增加部分的工程量的综合单价应予调低；当工程量减少15%以上时，减少后剩余部分的工程量的综合单价应予调高。

2）物价变化风险

3.4.3　由于市场物价波动影响合同价款的，应由发承包双方合理分摊；按本规范附录L.2或L.3填写《承包人提供主要材料和工程设备一览表》作为合同附件；当合同中没有约定，发承包双方发生争议时，应按本规范第9.8.1～9.8.3条的规定，调整合同价款。

3）不可抗力风险

9.10.1　因不可抗力事件导致的人员伤亡、财产损失及其费用增加，发承包双方应按下列原则分别承担并调整合同价款和工期：

（1）合同工程本身的损害、因工程损害导致第三方人员伤亡和财产损失以及运至施工场地用于施工的材料和待安装的设备的损害，应由发包人承担；

（2）发包人、承包人人员伤亡应由其所在单位负责，并应承担相应费用；

（3）承包人的施工机械设备损坏及停工损失，应由承包人承担；

（4）停工期间，承包人应发包人要求留在施工场地的必要的管理人员及保卫人员的费用应由发包人承担；

（5）工程所需清理、修复费用，应由发包人承担。

风险分担更加合理，强制了计价风险的分担原则，明确了应由发承包人各自分别承担的风险范围和应由发、承包双方共同承担的风险范围以及完全不由承包人承担的风险范围。

5. 2013版《规范》细化了措施项目费计算的规定，改善了计量计价的可操作性

2013版《规范》更加关注措施项目费的分类与计算方法。规范中新增的9.3.2条、9.5.2条及9.5.3条详细规定了因工程变更及工程量清单缺项导致的调整措施项目费与新增措施项目费的计算原则与计算方法。阐述更详尽的计价条款提高了2013版《规范》的可操作性，指导性更强。规范中的9.3.1条～9.3.3条与9.6.2条对承包商报价浮动率、工程变更项目综合单价以及工程量偏差部分分部分项工程费的计算给出了明确的计算说明和计算公式。

9.3.1 因工程变更引起已标价工程量清单项目或其工程数量发生变化，应按照下列规定调整：

1）已标价工程量清单中有适用于变更工程项目的，应采用该项目的单价；但当工程变更导致该清单项目的工程数量发生变化，且工程量偏差超过15%时，该项目单价应按照本规范第9.6.2条的规定调整。

2）已标价工程量清单中没有适用但有类似于变更工程项目的，可在合理范围内参照类似项目的单价；

3）已标价工程量清单中没有适用也没有类似于变更工程项目的，应由承包人根据变更工程资料、计量规则和计价办法、工程造价管理机构发布的信息价格和承包人报价浮动率提出变更工程项目的单价，并应报发包人确认后调整。承包人报价浮动率可按下列公式计算：

招标工程：

$$承包人报价浮动率\ L=（1-中标价/招标控制价）\times 100\%$$

非招标工程：

$$承包人报价浮动率\ L=（1-报价施工图预算）\times 100\%$$

4）已标价工程量清单中没有适用也没有类似于变更工程项目，且工程造价管理机构发布的信息价格缺价的，应由承包人根据变更工程资料、计量规则、计价办法和通过市场调查等取得有合法依据的市场价格提出变更工程项目的单价，并应报发包人确认后调整。

9.3.2 工程变更引起施工方案改变并使措施项目发生变化时，承包人提出调整措施项目费时，应事先将拟实施的方案提交发包人确认，并应详细说明与原方案措施项目相比的变化情况。拟实施的方案经发承包双方确认后执行，并应按照下列规定调整措施项目费：

1）安全文明施工费按照实际发生变化的措施项目依据本规范第3.1.5条的规定计算。

2）采用单价计算的措施项目费，应按照实际发生变化的措施项目按本规范第9.3.1条的规定确定单价。

3）按总价（或系数）计算的措施项目费，按照实际发生变化的措施项目调整，但应考虑承包人报价浮动因素，即调整金额按照实际调整金额乘以本规范第9.3.1条规定的承包人报价浮动率计算。

如果承包人未事先将拟实施的方案提交给发包人确认，则应视为工程变更不引起措施项目费的调整或承包人放弃调整措施项目费的权利。

9.3.3 当发包人提出的工程变更因非承包人的原因删减了合同中的某项原定工作或工程，致使承包人发生的费用或（和）得到的收益不能被包括在其他已支付或应支付的项目中，也未被包含在任何替代的工作或工程中时，承包人有权提出并应得到合理的费用及利润补偿。

9.5.2 新增分部分项工程清单项目后，引起措施项目发生变化的，应按照本规范第9.3.2条的规定，在承包人提交的实施方案被发包人批准后调整合同价款。

9.5.3 由于招标工程量清单中措施项目缺项，承包人应将新增措施项目实施方案提交发包人批准后，按照本规范第 9.3.1 条、9.3.2 条的规定调整合同价款。

9.6.2 对于任一招标工程量清单项目，当因本节规定的工程量偏差和第 9.3 条规定的工程变更等原因导致工程量偏差超过 15%时，可进行调整。当工程量增加 15%以上时，其增加部分的工程量的综合单价应予调低；当工程量减少 15%以上时，减少后剩余部分的工程量的综合单价应予调高。

6. 2013 版《规范》可执行性更加强化

(1) 增强了与合同的契合度，需要造价管理与合同管理相统一

2013 版《规范》提高了对合同的重视程度，使工程造价全过程合同管理意识更强，尤其细化了合同价款调整与支付的规定。2013 版《规范》中的合同价款调整部分划分了 14 个子项，并分 3 章对工程计量与 5 种工程价款支付进行了详细规定。2013 版《规范》执行后要求造价管理人员在进行造价管理时要充分了解合同内容以及合同管理的特点，将二者高度统一，才能切实提高工程造价管理水平。

(2) 明确了 52 条术语的概念，要求提高使用术语的精确度

由于 2008 版《规范》中对一些术语定义较为模糊，2013 版《规范》增加对招标工程量清单、已标价工程量清单、工程量偏差、提前竣工（赶工费）、误期赔偿费等术语的明确阐释，对暂估价增加了工程设备暂估单价。将“招标工程量清单”与“已标价工程量清单”划分开，避免发承包双方发生纠纷扯皮，明确了各自的责任。

(3) 提高了合同各方面风险分担的强制性，要求发承包双方明确各自的风险范围。

(4) 细化了措施项目清单编制和列项的规定，将措施清单项目明确划分为单价项目和总价项目，便于分别计价。

工程量清单中以单价计价的项目，即根据合同工程图纸（含设计变更）和国家现行相关工程计量规范规定的工程量计算规则进行计量，与已标价工程量清单相应综合单价进行价款计算的项目。

工程量清单中以总价计价的项目，即此类项目在现行国家计量规范中无工程量计算规则，以总价（或计算基础乘费率）计算的项目。

(5) 改善了计量、计价的可操作性，有利于结算纠纷的处理

增加计价风险的说明，明确计价风险内容、影响风险因素、波动幅度、责任承担，责任划分更加明确，减少争议。对工程变更引起工程量清单项目“量变导致价变”的价款调整，明确给出了调整的计算方式。

(6) 2013 版《规范》对发包人提供的甲供材料、承包人提供的乙供材料等处理方式做了明确说明。

7. 2013 版《规范》合同价款调整更加完善

9.1.1 下列事项（但不限于）发生，发承包双方应当按照合同约定调整合同价款：

1) 法律法规变化；

2) 工程变更；

3) 项目特征不符；

4) 工程量清单缺项；

5) 工程量偏差；

6）计日工；

7）物价变化；

8）暂估价；

9）不可抗力；

10）提前竣工（赶工补偿）；

11）误期赔偿；

12）索赔；

13）现场签证；

14）暂列金额；

15）发承包双方约定的其他调整事项。

8. 2013版《规范》中招标控制价编制、复核、投诉、处理的方法、程序更加法治化和明晰

9. 贯彻了工程造价精细化、科学化管理的新理念

建筑业的发展要求建设项目参与方要对工程价款进行精细化、科学化的管理，保证参与方的利益。2013版《规范》在2008版《规范》的基础上对工程项目全过程的价款管理进行了约定，并对重大的现实问题，强化了清单的操作性，这些特点正好满足工程价款精细化管理的需求。

10. 对赶工补偿、误期赔偿具体计算做出明确的规定

（1）赶工补偿

9.11.1 招标人应依据相关工程的工期定额合理计算工期，压缩的工期天数不得超过定额工期的20%，超过者，应在招标文件中明示增加赶工费用。

9.11.2 发包人要求合同工程提前竣工的，应征得承包人同意后与承包人商定采取加快工程进度的措施，并应修订合同工程进度计划。发包人应承担承包人由此增加的提前竣工（赶工补偿）费用。

9.11.3 发承包双方应在合同中约定提前竣工每日历天应补偿额度，此项费用应作为增加合同价款列入竣工结算文件中，应与结算款一并支付。

（2）误期赔偿

9.12.1 承包人未按照合同约定施工，导致实际进度迟于计划进度的，承包人应加快进度，实现合同工期。合同工程发生误期，承包人应赔偿发包人由此造成的损失，并应按照合同约定向发包人支付误期赔偿费。即使承包人支付误期赔偿费，也不能免除承包人按照合同约定应承担的任何责任和应履行的任何义务。

9.12.2 发承包双方应在合同中约定误期赔偿费，并应明确每日历天应赔额度。误期赔偿费应列入竣工结算文件中，并应在结算款中扣除。

9.12.3 在工程竣工之前，合同工程内的某单项（位）工程已通过了竣工验收，且该单项（位）工程接收证书中表明的竣工日期并未延误，而是合同工程的其他部分产生了工期延误时，误期赔偿费应按照已颁发工程项目接收证书的单项（位）工程造价占合同价款的比例幅度予以扣减。

11. 对安全文明施工费的支付、使用及责任做出了明确的规定

10.2.1 安全文明施工费包括的内容和使用范围，应符合国家有关文件和计量规范的规定。

10.2.2 发包人应在工程开工后的28天内预付不低于当年施工进度计划的安全文明施工费总额的60%，其余部分应按照提前安排的原则进行分解，并应与进度款同期支付。

10.2.3 发包人没有按时支付安全文明施工费的，承包人可催告发包人支付；发包人在付款期满后的7天内仍未支付的，若发生安全事故，发包人应承担相应责任。

10.2.4 承包人对安全文明施工费应专款专用，在财务账目中应单独列项备查，不得挪作他用，否则发包人有权要求其限期改正；逾期未改正的，造成的损失和延误的工期应由承包人承担。

二、工程量清单计价规范下的招标控制价操作实务

（一）工程量清单

2013版《规范》中2.0.1条给出了工程量清单的定义：载明建设工程分部分项工程项目、措施项目和其他项目的名称和相应数量以及规费、税金项目等内容的明细清单。工程量清单是详细说明工程数量（对应承包范围、招标范围）、工艺和质量要求的载体。

2.0.2条给出了招标工程量清单的定义：招标人依据国家标准、招标文件、设计文件以及施工现场实际情况编制的，随招标文件发布供投标报价的工程量清单，包括其说明和表格。相对于2008版《规范》是新出现的名词，是指招投标阶段投标人报价的工程量清单，是对工程量清单的进一步具体化，一般来说工程量清单的编制都是指招标工程量清单的编制。

招标工程量清单应由具有编制能力的招标人或受其委托，具有相应资质的工程造价咨询人或招标代理人编制。需要注意的是受委托的工程造价咨询人或招标代理人应依法取得工程造价咨询资质，并在其许可范围内承接相应的工程造价咨询工作。

招标工程量清单作为招标文件的组成部分，其准确性和完整性由招标人负责。由此可看出以工程量清单招标的工程，工程"量"的风险是由招标人承担的。投标人依据招标工程量清单进行投标报价，对工程量清单不负有核实的义务，更不具有修改和调整的权力。工程量清单作为投标人报价的共同平台，其准确性（数量不算错）、完整性（不缺项漏项）均由招标人负责。如果是由招标人委托工程造价咨询人或招标代理人编制，其责任仍然由招标人承担。中标人与招标人签订施工合同后，在履约过程中发现工程量清单漏项或错算，引起合同价款调整的，应由招标人（发包人）承担，而非其他编制人。工程造价咨询人或招标代理人编制错误承担的责任应由招标人与咨询人根据咨询合同相关规定或协商解决，与投标人无关。

招标工程量清单是工程量清单计价的基础，应作为编制招标控制价、投标报价、计算或调整工程价款、施工索赔等的依据之一。

（二）工程量清单的编制

招标工程量清单应以单位（项）工程为单位编制，由分部分项工程项目清单、措施项目清单、其他项目清单、规费和税金项目清单组成。

编制招标工程量清单应依据：

（1）本规范和相关工程的国家计量规范；

（2）国家或省级、行业建设主管部门颁发的计价定额和办法；

（3）建设工程设计文件及相关资料；

（4）与建设工程有关的标准、规范、技术资料；

（5）拟定的招标文件；

（6）施工现场情况、地勘水文资料、工程特点及常规施工方案；

（7）其他相关资料。

1. 分部分项工程项目清单

分部分项工程量清单是指完成拟建工程的实体工程项目数量的清单。

分部分项工程量清单由招标人根据2013版《规范》附录规定的项目编码、项目名称、项目特征、计量单位和工程量计算规则进行编制。这也是构成分部分项工程项目清单必不可少的五要件。

（1）分部分项工程量清单的项目编码，按五级设置，用十二位阿拉伯数字表示，一、二、三、四级编码，即一至九位应按2013版《规范》附录的规定设置；第五级编码，即十至十二位应根据拟建工程的工程量清单项目名称由其编制人设置，并应自001起顺序编制。各级编码代表含义如下：

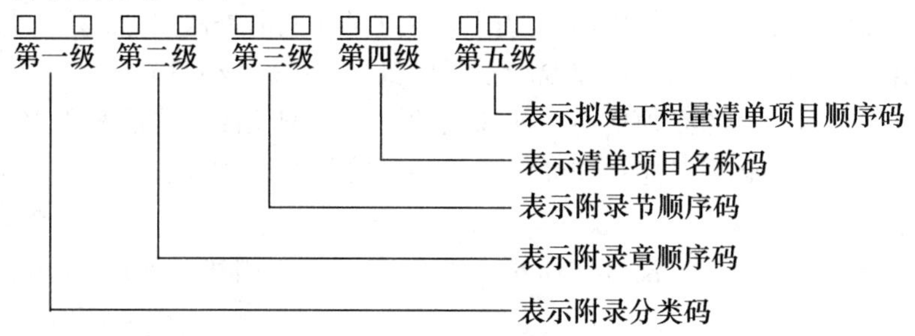

1）第一级表示分类码（分两位）。房屋建筑与装饰工程为01（此为2013版《规范》、2008版《规范》为附录A、B），仿古建筑工程为02，通用安装工程为03，市政工程为04，园林绿化工程为05，矿山工程为06，构筑物工程为07，城市轨道交通工程为08，爆破工程为09。

2）第二级表示专业工程附录分类顺序码（分两位）。如0104为房屋建筑与装饰工程的附录D“砌筑工程”；0304为通用安装工程的附录D“电气设备安装工程”。

3）第三级表示分部工程顺序码（分两位）。如030401为通用安装工程的附录D“电气设备安装工程”的变压器安装。

4）第四级表示分项工程项目名称顺序码（分三位）。如010101001为房屋建筑与装饰工程附录A“土石方工程”中“土方工程”的平整场地。

5）第五级表示拟建工程量清单项目顺序码（分三位）。由编制人依据项目特征的区别，从001开始，一共999个码可供使用。如150mm厚垫层3：7灰土，可编码为：010404001001，其余依此类推。

需要注意的是当同一标段或合同段的工程量清单中含有多个单位/单项工程，且工程量清单是以单位/单项工程为编制对象时，在编制工程量清单时对项目编码10～12位的设置不得有重码。比如一个标段有两个单位工程，每一单位工程里都有项目特征相同的实心砖墙砌体，那么第一个工程的编码010401003001，第二个就应是010401003002，并分别列出各单位工程实心砖墙的工程量。

（2）分部分项工程量清单的项目名称

项目名称应按2013版《规范》附录的项目名称与项目特征并结合拟建工程的实际情况确定。2013版《规范》没有的项目并且在附录项目的“项目特征”或“工程内容”中均没有相关内容的，编制人可作相应补充，并报工程造价管理机构备案。补充项目的编码由附录的顺序码与B和三位阿拉伯数字组成，并应从B001开始顺序编码，不得出现重码。

（3）分部分项工程量清单项目特征

项目特征是用来表述项目名称的实质内容，用于区分2013版《规范》中同一清单条目下各个具体的清单项目。由于项目特征直接影响工程实体的自身价值，关系到综合单价的准确确定，因此项目特征的描述，应根据2013版《规范》项目特征的要求，结合技术规范、标准图集、施工图纸，按照工程结构、使用材料及规格或安装位置等，予以详细表述和说明。

由于种种原因，对同一项目，由不同的人编制，会有不同的描述，尽管如此，体现项目特征的区别和对报价有实质影响的内容必须描述，描述的内容可按以下要求把握：

1）必须描述的内容如下：

① 涉及正确计量计价的必须描述：如门窗洞口尺寸或框外围尺寸；

② 涉及结构要求的必须描述：如混凝土强度等级（C20或C30）；

③ 涉及施工难易程度的必须描述：如抹灰的墙体类型（砖墙或混凝土墙）；

④ 涉及材质要求的必须描述：如油漆的品种、管材的材质（碳钢管、无缝钢管）。

2）可不描述的内容如下：

① 对项目特征或计量计价没有实质影响的内容可以不描述：如混凝土柱高度、断面大小等；

② 应由投标人根据施工方案确定的可不描述：如预裂爆破的单孔深度及装药量等；

③ 应由投标人根据当地材料确定的可不描述：如混凝土拌和料使用的石子种类及粒径、砂的种类等；

④ 应由施工措施解决的可不描述：如现浇混凝土板、梁的标高等。

3）可不详细描述的内容如下：

① 无法准确描述的可不详细描述：如土壤类别可描述为综合等（对工程所在具体地点来讲，应由投标人根据地勘资料确定土壤类别，决定报价）；

② 施工图、标准图标注明确的，可不再详细描述。可描述为见××图集××图号等；

③ 还有一些项目可不详细描述，但清单编制人在项目特征描述中应注明由投标人自定，如“挖基础土方”中的土方运距等。

对《规范》中没有项目特征要求的少数项目，但又必须描述的应予描述，影响报价的重要因素就必须描述，以便投标人准确报价。

需要指出的是，2013版《规范》附录中“项目特征”与“工程内容”是两个不同性质的规定。项目特征必须描述，因其讲的是工程实体的特征，直接影响工程的价值。工程内容无须描述，因其主要讲的是操作程序，二者不能混淆。例如砖砌体的实心砖墙，按照2013版《规范》“项目特征”栏的规定，就必须描述砖的品种：是页岩砖、还是煤灰砖；砖的规格：是标砖还是非标砖，是非标砖就应注明规格尺寸；砖的强度等级：是MU10、

MU15、还是 MU20，因为砖的品种、规格、强度等级直接关系到砖的价值。还必须描述墙体的厚度：是 1 砖（240mm）；还是 1 砖半（370mm）等；墙体类型：是混水墙，还是清水墙，清水是双面，还是单面，或者是一斗一卧、围墙还是单顶全斗墙等，因为墙体的厚度、类型直接影响砌砖的工效以及砖、砂浆的消耗量。还必须描述是否勾缝：是原浆，还是加浆勾缝；如是加浆勾缝，还须注明砂浆配合比。还必须描述砌筑砂浆的强度等级：是 M5、M7.5、还是 M10 等，因为不同强度等级、不同配合比的砂浆，其价值是不同的。由此可见，这些描述均不可少，因为其中任何一项都影响综合单价的确定。而 2013 版《规范》中“工程内容”中的砂浆制作、运输、砌砖、勾缝、砖压顶砌筑、材料运输则不必描述，因为，不描述这些工程内容，承包商必然要操作这些工序，完成最终验收的砖砌体。

此处还须说明的是，2013 版《规范》在“实心砖墙”的“项目特征”及“工程内容”栏内均包含有勾缝，但两者的性质不同，“项目特征”栏的勾缝体现的是实心砖墙的实体特征，而“工程内容”栏内的勾缝表述的是操作工序或称操作行为。因此如果需勾缝，就必须在项目特征中描述，而不能以工程内容中有而不描述，否则，将视为清单项目漏项，而可能在施工中引起索赔，类似的情况在计价规范中还有，须引起注意。

清单编制人应高度重视分部分项工程量清单项目特征的描述，任何不描述或描述不清均会在施工合同履约过程中产生分歧，导致纠纷、索赔。

（4）分部分项工程量清单的计量单位

分部分项工程量清单的计量单位，应按 2013 版《规范》附录中规定的计量单位确定。

当计量单位有两个或两个以上时，应根据所编工程量清单项目的特征要求，选择最适宜表现该项目特征并方便计量和组成综合单价的单位。例如：门窗工程的计量单位为“樘/m^2”两个计量单位，实际工作中就应选择最适宜、最方便计量和组价的单位来表示。

（5）分部分项工程的数量

分部分项工程量清单中的工程数量，应按《规范》附录中规定的工程量计算规则计算。

由于清单工程量是招标人根据招标图纸或设计文件计算的数量，仅作为投标人投标报价的共同基础，工程结算的数量按合同双方认可的实际完成的工程量确定。所以，清单编制人应该按照《规范》的工程量计算规则，对每一项的工程量进行准确计算从而避免业主承受不必要的工程索赔。

2. 措施项目清单

措施项目清单指为完成工程项目施工，发生于该工程施工前和施工过程中的技术、生活、安全等方面的非工程实体项目的清单。

措施项目清单的编制应考虑多种因素，除工程本身的因素外，还涉及水文、气象、环境、安全和承包商的实际情况等。2013 版《规范》中的“措施项目一览表”只是作为清单编制人编制措施项目清单时的参考。因情况不同，出现表中没有的措施项目时，清单编制人可以自行补充。专业工程的措施项目可按附录中规定的项目选择列项。列项中没有的可根据工程实际情况补充。

由于措施项目清单中没有的项目承包商可以自行补充填报 。所以，措施项目清单对于清单编制人来说，压力并不大。一般情况，清单编制人可以不填写或只需要填写最基本的措施项目即可。

凡能计算出工程量的措施项目宜采用分部分项工程量清单的方式进行编制，并要求应列出项目编码、项目名称、项目特征、计量单位和工程量计算规则。对不能计算出工程量的措施项目则采用以“项”为计量单位进行编制。

清单规范将工程实体项目划分为分部分项工程量清单项目，非实体项目划分为措施项目。所谓非实体项目，一般来说，其费用的发生和金额的大小与使用时间、施工方法或者两个以上工序相关，与实际完成的实体工程量的多少关系不大，典型的是大中型施工机械进出场及安拆费，文明施工和安全防护、临时设施等。但有的非实体性项目，与完成的工程实体具有直接关系，并且是可以精确计量的项目，典型的是混凝土浇筑的模板工程，用分部分项工程量清单的方式，采用综合单价更有利于合同管理。

3. 其他项目清单

其他项目清单指根据拟建工程的具体情况，在分部分项工程量清单和措施项目清单以外的项目。包括暂列金额、暂估价（包括材料暂估单价、工程设备暂估单价和专业工程暂估价）、计日工、总承包服务费等。

（1）暂列金额。是指招标人在工程量清单中暂定并包括在合同价款中的一笔款项。不管采用何种合同形式，其理想的标准是施工合同的价格就是其最终的竣工结算价格，或至少两者应尽可能接近，按有关部门的规定，经项目审批部门批复的设计概算是工程投资控制的刚性指标，即使是商业性开发项目也有成本的预先控制问题，否则，无法相对准确预测投资的收益和科学合理地进行投资控制。而工程建设自身的规律决定，设计需根据工程进展不断地进行优化调整，发包人的需求可能会随工程建设进展出现变化，工程建设过程还存在其他诸多不确定性因素。消化这些因素必然会影响合同价格的调整，暂列金额正是因这类不可避免的价格调整而设立，以便合理确定工程造价的控制目标。

有一种错误的观念认为，暂列金额列入合同价格就属于承包人所有了。事实上，即便是总价包干合同，也不是列入合同价格的任何金额都属于中标人的，是否属于中标人应得金额取决于具体的合同约定，暂列金额的定义是非常明确的，只有按照合同约定程序实际发生后，才能成为中标人的应得金额，纳入合同结算价款中。扣除实际发生金额后的暂列金额余额仍属于招标人所有。设立暂列金额并不能保证合同结算价格就不会再出现超过合同价格的情况，是否超出合同价格完全取决于工程量清单编制人对暂列金额预测的准确性，以及工程建设过程是否出现了其他事先未预测到的事件。

（2）暂估价。是指招标阶段直至签订合同协议时，招标人在招标文件中提供的用于支付必然要发生但暂时不能确定价格的材料或设备以及需另行发包的专业工程金额。一般而言，为方便合同管理和计价，需要纳入分部分项工程量清单项目综合单价中的暂估价则最好只是材料费，以方便投标人组价。以“项”为计量单位给出的专业工程暂估价一般应是综合暂估价，应当包括除规费、税金以外的管理费、利润等。

（3）计日工。是指为了解决现场发生的零星工作的计价而设立的。国际上常见的标准合同条款中，大多数都设立了计日工计价机制。计日工以完成零星工作所消耗的人工工时、材料数量 、机械台班进行计量，并按照计日工表中填报的适用项目的单价进行计价支付。计日工适用的所谓零星工作一般是指合同约定之外的或者因变更而产生的、工程量清单中没有相应项目的额外工作，尤其是那些时间不允许事先商定价格的额外工作。计日工为额外工作和变更的计价提供了一个方便快捷的途径。

但是，在以往的实践中，计日工经常被忽略。其中一个主要原因是因为计日工项目的单价水平一般要高于工程量清单项目单价的水平。理论上讲，合理的计日工单价水平一定是高于工程量清单的价格水平的，其原因在于计日工往往是用于一些突发性的额外工作，缺少计划性，承包人在调动施工生产资源方面难免不影响已经计划好的工作，生产资源的使用效率也有一定的降低，客观上造成超出常规的额外投入。而在另一方面，计日工清单往往忽略给出一个暂定的工程量，无法纳入有效的竞争，也是造成计日工单价水平偏高的原因之一。因此，为了获得合理的计日工单价，计日工表中一定要给出暂定数量，并且需要根据经验，尽可能估算一个比较贴近实际的数量。当然，尽可能把项目列全，防患于未然，也是值得充分重视的工作。

（4）总承包服务费。是指为了解决招标人在法律、法规允许的条件下进行专业工程发包以及自行采购供应材料、设备时，要求总承包人对发包的专业工程提供协调和配合服务（如分包人使用总包人的脚手架、水电接驳等）；对供应的材料、设备提供收、发和保管服务以及对施工现场进行统一管理；对竣工资料进行统一汇总整理等发生并向总承包人支付的费用，招标人应当预计该项费用并按投标人的投标报价向投标人支付该项费用。一般按1%～5%计取。

4. 规费项目清单

规费项目清单应按照下列内容列项：

（1）社会保险费：包括养老保险费、失业保险费、医疗保险费、工伤保险、生育保险费；

（2）住房公积金；

（3）工程排污费。

规费作为政府和有关行政主管部门规定必须缴纳的费用，政府和有关权力部门可根据形势发展的需要，对规费项目进行调整。因此，对《建筑安装工程费用项目组成》未包括的规费项目，在计算规费时应根据省级政府和省级有关权力部门的规定进行补充。特别说明的是2008版《规范》里的危险作业意外伤害保险删除，因为2011年4月22日《建筑法》第四十八条修改，将意外伤害保险由强制改为鼓励，所以规费中增加了工伤保险，删除意外伤害保险列入企业管理费中列支。

5. 税金项目清单

税金项目清单应包括下列内容：

（1）营业税；

（2）城市维护建设税；

（3）教育费附加；

（4）地方教育附加。

（三）招标控制价操作实务

招标控制价是2008版《规范》中新增的专业术语，2013版《规范》中在此基础上又进行了补充，明确了招标控制价的一般规定、编制与复核、投诉与处理等相关内容。

1. 招标控制价的概念

招标控制价是招标人根据国家或省级、行业建设主管部门颁发的有关计价依据和办法，以及拟定的招标文件和招标工程量清单，结合工程具体情况编制的招标工程的最高投标限价。

招标控制价亦称"拦标价"或"预算控制价"，是招标人根据工程量清单计价规范计算的招标工程的工程造价，是国家或业主对招标工程发包的最高投标限价。

招标控制价的作用决定了它不同于"标底"，无需保密。为体现招标的公开、公正，防止招标人有意抬高或压低工程造价，招标控制价应在招标时公布，不应上调或下浮，并应将招标控制价及有关资料报送工程所在地工程造价管理机构备查。当招标控制价超过批准的概算时，招标人应将其报原概算审批部门审核。

2. 招标控制价的作用

(1) 在招标文件中事先公布招标控制价，评标时可以合理确定中标价

采用传统的标底或无标底方式招标，标底必需保密，评标时是以最接近标底的报价来确定中标价。实践中，一些工程项目在招标中除了过度的低价恶性竞争外，也会出现"围标"现象，即所有投标价均高于标底，但最低的投标价仍能中标，这对招标人控制工程造价是不利的。

招标控制价是事先公布的最高限价，无需保密，评标时不参与评分，也不在评标中占有权重，只是对一个具体建设项目的工程造价起参考作用。对低于招标控制价的合理最低价即可中标，而高于招标控制价的投标报价则为废标。因此，招标人如实公布招标控制价，合理确定中标价，体现了招标活动的公平、公正原则。

(2) 设立招标控制价，可有效遏制恶性哄抬报价带来的投资风险

招标控制价是衡量投标单位报价的准绳，有了招标控制价，才能正确判断投标报价的合理性和可靠性。由于招标控制价是最高限价，在工程招标活动中，设置合理的招标控制价可以相对降低工程造价，有效地控制投资的使用。

根据《中华人民共和国招投标法》规定，"招标人设有标底的，标底必须保密"。但实行工程量清单招标后，由于招标方式的改变，标底保密这一法律规定已不能起到有效遏止哄抬标价的作用。因此，事先公布招标控制价，可提高透明度，避免暗箱操作、围标、串标等违法活动的产生。

(3) 招标控制价的提出，体现了建筑市场的交易公平性

招标控制价的公布，既设置了控制上限又尽量地减少了招标人对评标基准价的影响，使投标人自主报价、公平竞争，不受标底的左右，体现了建筑市场的交易公平性，符合当前的建筑市场规律。

(4) 招标控制价可避免投标决策的盲目性，使得评标中各项工作有据可依，增强投标活动的选择性和经济性。

(5) 招标控制价可为工程变更新增项目确定单价提供计算的依据。

3. 招标控制价的编制依据与复核

(1) 工程量清单计价规范；

(2) 国家或省级、行业建设主管部门颁发的计价定额和计价办法；

(3) 建设工程设计文件及相关资料；

(4) 拟定的招标文件及招标工程量清单；

(5) 与建设项目相关的标准、规范、技术资料；

(6) 施工现场情况、工程特点及常规施工方案；

(7) 工程造价管理机构发布的工程造价信息，当工程造价信息没有发布时，参照市场价；

(8) 其他相关资料。

从以上八条可总结出操作的要领：

1) 使用的计价标准、计价政策应是国家或省级行业 建设主管部门颁布的计价定额和相关政策规定；

2) 采用的材料价格应先用信息价，再用市场价；

3) 国家或省级建设主管部门对相关费用或费用标准有规定的，应按规定执行，有幅度的，按上限执行；

4) 措施费用编制依据：施工现场情况、工程特点及常规施工方案。这是新增的，说明编制招标控制价时要充分考虑施工现场情况、工程特点及常规施工方案对于措施项目费用的影响。

4. 招标控制价的编制

招标控制价应由具有编制能力的招标人或受其委托具有相应资质的工程造价咨询人编制和复核。工程造价咨询人接受招标人委托编制招标控制价，不得就同一工程接受投标人委托编制投标报价。

招标控制价由分部分项工程费、措施项目费、其他项目费、规费和税金组成。

(1) 分部分项工程和措施项目中的单价项目，应根据拟定的招标文件和招标工程量清单项目中的特征描述及有关要求确定综合单价计算。综合单价中除了人工费、材料费、机械使用费、企业管理费、利润外还应包括招标文件中划分的应由投标人承担的风险范围及其费用。招标文件中没有明确的，如是工程造价咨询人编制，应提请招标人明确；如是招标人编制，应予明确。招标文件提供了暂估单价的材料，应按照招标文件确定的暂估单价计入综合单价中。

(2) 措施项目中的总价项目应根据拟定的招标文件中的措施项目清单按采用综合单价计价。措施项目中的安全文明施工费必须按国家或省级、行业建设主管部门的规定计算，不得作为竞争性费用。

(3) 其他项目应按下列规定计价：

1) 暂列金额应按招标工程量清单中列出的金额填写；

2) 暂估价中的材料、工程设备单价应按招标工程量清单中列出的单价计入综合单价；

3) 暂估价中的专业工程金额应按招标工程量清单中列出的金额填写；

4) 计日工应按招标工程量清单中列出的项目根据工程特点和有关计价依据确定综合单价计算。

编制招标控制价时，对计日工中的人工单价和施工机械台班单价应按照省级、行业建设主管部门或者其授权的工程造价管理机构公布的单价计算。材料应按照工程造价管理机构发布的工程造价信息中的材料单价计算，工程造价信息未发布材料单价的材料，其价格应按照市场调查确定的单价进行计算。

5）总承包服务费应根据招标工程量清单列出的内容和要求估算。

编制招标控制价时，总承包服务费应按照省级或行业建设主管部门的规定计算，当招标人仅要求总承包人对其发包的专业工程进行施工现场协调和统一管理、对竣工资料进行统一汇总整理等服务时，总包服务费按发包的专业工程估算造价的1%～3%计算。当招标人仅要求总承包人对其发包的专业工程进行总承包管理和协调，又要求提供相应配合服务时，总承包服务费根据招标文件列出的配合服务内容，按发包的专业工程估算造价的3%～5%计算。招标人自行供应材料、设备的，按招标人供应材料、设备价值的1%进行计算。对于暂列金额、暂估价如果在招标工程量清单中未列出金额或单价时，编制招标控制价时必须明确。

（4）规费和税金必须按国家或省级、行业建设主管部门的规定计算，不得作为竞争性费用

对于未包括的规费项目应根据省级政府或省级有关权力部门的规定进行补充计算。国家税法若发生变化或地方政府及税务部门依据职权对税种进行了调整，应相应进行税金项目的调整。

（5）招标控制价设置的注意事项

1）计算口径要一致。计算工程量时，根据施工图列出的分项工程口径与定额中相应分项工程的口径要一致。

2）识读图纸要准确。在正式计算工程量之前，必须反复识读施工图纸，熟悉施工图中的细部构造、文字说明及标准图中的详细内容。

3）严格执行、准确理解工程量计算规范。计算工程量时，计算规范中的规则要准确理解、反复推敲、严格执行。

4）计算必须准确。计算工程量时，计算底稿要整洁，计算数据要清晰，项目部位要注明，计算精度要一致。工程量的数据一般精确到小数点后两位，第三位四舍五入，贵重或价格较高的材料（钢材、木材等）应精确到小数点后三位。

5）计算工程量要做到不重不漏。在计算工程量前，为防止工程量漏项、重项，一般把一个专业工程划分为若干个分部工程，如房屋建筑与装饰工程就划分为土石方工程、地基处理与边坡支护工程、桩基工程、砌筑工程、混凝土及钢筋混凝土工程、措施项目等分部工程，在此基础上又划分为若干分项工程分别计算，这样便可以减少重项和漏项，提高准确度。

6）善于总结经验，提高自我审核能力。招标控制价编制人员要善于总结出一套适合自己的计算方法、计算顺序，尽量避免工程量的重算、漏算，提高招标控制价的编、审质量。

5. 招标控制价的投诉与处理

2013版《规范》中增加了对于招标控制价的投诉与处理的规定，更加注重对招标控制价的监督管理。

5.3.1　投标人经复核认为招标人公布的招标控制价未按照本规范的规定进行编制的，应在招标控制价公布后5天内向招投标监督机构和工程造价管理机构投诉。

5.3.2　投诉人投诉时，应当提交由单位盖章和法定代表人或其委托人签名或盖章的书面投诉书。投诉书应包括以下内容：

1）投诉人与被投诉人的名称、地址及有效联系方式；

2）投诉的招标工程名称、具体事项及理由；

3）投诉依据及有关证明材料；

4）相关的请求及主张。

5.3.3 投诉人不得进行虚假、恶意投诉，阻碍招投标活动的正常进行。

从5.3.2条与5.3.3条没有说明何种事实可以投诉，一般来说，投标人可以从以下几方面投诉招标人：

1）招标控制价总价是否与细节构成完全吻合？

2）招标人编制招标控制价时人材机单价是否先用信息价然后再用市场价？

3）建设行政主管部门对费用或费用标准的政策规定有幅度时，是否按幅度上限执行？

4）招标人编制招标控制价时对于安全文明施工费、规费和税金是否进行了竞争？

5）招标控制价中的综合单价是否包括招标文件中招标人要求投标人所承担的风险内容及其范围（幅度）产生的风险费用？招标文件中有无无限风险，所有风险由承包人承担的字样？

6）招标人提供了有暂估单价的材料时，是否按暂定的单价计入综合单价？

5.3.4 工程造价管理机构在接到投诉书后应在2个工作日内进行审查，对有下列情况之一的，不予受理：

1）投诉人不是所投诉招标工程招标文件的收受人；

2）投诉书提交的时间不符合本规范第5.3.1条规定的；

3）投诉书不符合本规范第5.3.2条规定的；

4）投诉事项已进入行政复议或行政诉讼程序的。

5.3.5 工程造价管理机构应在不迟于结束审查的次日将是否受理投诉的决定书面通知投诉人、被投诉人以及负责该工程招投标监督的招投标管理机构。

5.3.6 工程造价管理机构受理投诉后，应立即对招标控制价进行复查，组织投诉人、被投诉人或其委托的招标控制价编制人等单位人员对投诉问题逐一核对。有关当事人应当予以配合，并应保证所提供资料的真实性。

5.3.7 工程造价管理机构应当在受理投诉的10天内完成复查，特殊情况下可适当延长，并作出书面结论通知投诉人、被投诉人及负责该工程招投标监督的招投标管理机构。

5.3.8 当招标控制价复查结论与原公布的招标控制价误差大于±3%的，应当责成招标人改正。

5.3.9 招标人根据招标控制价复查结论需要重新公布招标控制价的，其最终公布的时间至招标文件要求提交投标文件截止时间不足15天的，应相应延长投标文件的截止时间。

三、工程量清单计价规范下的投标报价操作实务

（一）投标报价的概念

投标报价是指工程采用招标发包时，投标人按照招标文件的要求，根据工程特点，结合企业自身实际情况，依据有关计价规定计算和确定的工程总造价。

投标人应当响应招标人发出的工程量清单，项目编码、项目名称、项目特征、计量单位、工程量必须与招标工程量清单一致。同时结合施工现场条件，自行制定施工技术方案和施工组织设计，按招标文件的要求，以企业定额或者参照本省建设行政主管部门发布的综合基价及其计价办法、工程造价管理机构发布的市场价格信息编制投标报价。投标报价由投标人自主确定，由投标人或受其委托具有相应资质的工程造价咨询人编制，不得低于工程成本（此处的成本属于投标人企业个别成本），同时也不能高于招标人设定的招标控制价。

实行清单招标，招标人在招标文件中提供工程量清单，其目的是使各投标人在投标报价中具有共同的竞争平台。因此，要求投标人在投标报价中填写的工程量清单的项目编码、项目名称、项目特征、计量单位、工程数量必须与招标人招标文件中提供的一致，否则按废标处理。

（二）投标报价的编制

1. 投标报价的编制依据

（1）工程量清单计价规范；

（2）国家或省级、行业建设主管部门颁发的计价办法；

（3）企业定额，国家或省级、行业建设主管部门颁发的计价定额和计价办法；

（4）招标文件、招标工程量清单及其补充通知、答疑纪要；

（5）建设工程设计文件及相关资料；

（6）施工现场情况、工程特点及投标时拟定的施工组织设计或施工方案；

（7）与建设项目相关的标准、规范等技术资料；

（8）市场价格信息或工程造价管理机构发布的工程造价信息；

（9）其他的相关资料。

2. 投标报价的编制步骤

（1）研究招标文件、熟悉工程量清单；

（2）核算工程数量、分析项目特征、编制综合单价、计算分部分项工程费用；

（3）确定措施清单内容、计算措施项目费用；

（4）计算其他项目费用、规费和税金；

（5）汇总各项费用、复核调整确认。

3. 投标报价的编制内容

（1）投标报价应在满足招标文件要求的前提下，实行企业定额的人、材机消耗量自定，综合单价及费用自选，全面竞争，自由报价。其中可以自主的：企业定额消耗量、人、材、机单价、企业管理费率、利润率、措施费用、计日工单价、总承包服务费等。不能自主的：安全文明施工费、规费、税金、暂列金额、暂估价、计日工量，且投标报价不得低于成本。

投标报价由分部分项工程费、措施项目费、其他项目费、规费和税金组成。

（2）工程量清单应采用综合单价计价。综合单价中应包括招标文件中划分的应由投标人承担的风险范围及其费用，招标文件中没有明确的，应提请招标人明确。分部分项工程和措施项目中的单价项目，应根据招标文件和招标工程量清单项目中的特征描述确定综合单价计算。

投标报价的人、材、机消耗量应根据企业定额确定，现阶段，应按照各省、自治区、直辖市的《计价定额》计算。投标报价的人、材、机单价应根据市场价格（暂估价除外）自主报价。

工程量清单没有考虑施工过程中的施工损耗，编制综合单价时，材料消耗量要考虑施工损耗，以便准确计价。

（3）措施项目中的总价项目金额应根据招标文件及投标时拟定的施工组织设计或施工方案，按清单规范的规定自主确定。其中安全文明施工费必须按国家或省级、行业建设主管部门的规定计算，不得作为竞争性费用。

建设部［2005］89号印发的《建设工程安全防护、文明施工措施费用及使用管理规定》的要求工程所在地省级建设工程造价管理机构测定的标准不得低于90%计取（有的省已规定此项费用不参与竞争）。2012年财企［2012］16号“建设工程施工企业提取的安全费用列入工程造价，在竞标时不得删减，列入表外管理。”所以2013版《规范》中规定此费用不得作为竞争性费用，也就是招标人得不要求投标人进行优惠，投标人也不得将该项费用参与市场竞争。

（4）其他项目应按下列规定报价：

1）暂列金额应按招标工程量清单中列出的金额填写。必须按照原清单的金额填写，不得变动。

2）材料、工程设备暂估价应按招标工程量清单中列出的单价计入综合单价。

暂估价不得变动和更改。暂估价中的材料必须按照暂估单价计入综合单价。

3）专业工程暂估价应按招标工程量清单中列出的金额填写。也就是要求专业工程暂估价必须按照其他项目清单中列出的金额填写。

4）计日工应按招标工程量清单中列出的项目和数量，自主确定综合单价并计算计日工金额。也就是说计日工应按照其他项目清单列出的项目和估算的数量，自主确定各项综合单价并计算费用。

5）总承包服务费应根据招标工程量清单中列出的内容和提出的要求自主确定。

也就是要求总承包服务费应依据招标人在招标文件中列出的分包专业工程内容和供应材料、设备情况，按照招标人提出协调、配合与服务要求和施工现场管理需要自主确定。

（5）规费和税金必须按国家或省级、行业建设主管部门的规定计算，不得作为竞争性费用。

（6）招标工程量清单与计价表中列明的所有需要填写单价和合价的项目，投标人均应填写且只允许有一个报价。未填写单价和合价的项目，可视为此项费用已包含在已标价工程量清单中其他项目的单价和合价之中。当竣工结算时，此项目不得重新组价予以调整。

4. 编制投标报价编制的关键点

（1）投标人必须按招标工程量清单填报价格。项目编码、项目名称、项目特征、计量单位、工程量必须与招标人提供的一致。（2013 版《规范》6.1.4）

（2）措施项目的内容应依据招标人提供的措施项目清单和投标人投标时拟定的施工组织设计或施工方案；投标人可根据工程实际情况结合施工组织设计，对招标人所列的措施项目进行增补。

（3）分部分项工程和措施项目中的单价项目报价的最重要依据之一是该项目的特征描述，投标人应根据招标文件及其招标工程量清单项目的特征描述确定综合单价计算，当出现招标文件中工程量清单项目的特征描述与设计不符时，应以工程量清单项目的特征描述为准；当施工中施工图纸或设计变更与工程量清单项目的特征描述不一致时，发承包双方应按实际施工的项目特征，依据合同约定重新确定综合单价。

（4）投标人在自主决定投标报价时，还应考虑招标文件中要求投标人承担的风险内容及其范围（幅度）以及相应的风险费用。在施工过程中，当出现风险的内容及其范围（幅度）在招标文件规定的范围内时，综合单价不得变更，工程价款不做调整。

（5）投标总价应当与分部分项工程费、措施项目费、其他项目费和规费、税金的合计金额一致。（参见 2013 版《规范》6.2.8）

实行清单招标，投标人的投标总价应当与组成报价的各个清单费用合计金额相一致，即投标人在投标报价时，不能只进行投标总价优惠（或降价、让利），投标人对招标人的任何优惠（或降价、让利）均应反映在相应清单项目的综合单价中。

（6）计算工程造价时，清单计价的难点是综合单价的编制。

实际工程中存在的问题主要是大多数企业没有自己的企业定额，从业人员普遍存在数量多但能力不足以胜任的现象。这就要求企业要想方设法尽快提高工程造价专业人员的业务水平，才能不断提高企业的管理水平，增强企业的市场竞争力。

（三）编制投标报价的技巧

投标单位有了投标取胜的实力还不够，还需有将这种实力变为投标的技巧。投标报价技巧的作用体现在可以使实力较强的投标单位取得满意的投标成果；使实力一般的投标单位争得投标报价的主动地位；当报价出现某些失误时，可以得到某些弥补。因此，投标单位必须十分重视对投标报价方法的研究和使用。

1. 不平衡报价法

不平衡报价法也叫前重后轻法，是指在总价基本确定以后，通过调整内部子项目的报价，以期既不提高总价影响中标，又能在结算时得到理想的经济效益。

这种方法在工程项目中运用得比较普遍，对于工程项目，一般可根据具体情况考虑采用不平衡报价法。通过不平衡报价，有意识地对投标者有利的不平衡分配，从而使承包商尽早收回工程费用，增加流动资金，同时尽可能获得较高的利润。

（1）能够早收到工程款的项目，如开办费、土方、基础等，其单价可定得高些，以有利于资金周转。后期的工程项目单价，如粉刷、油漆、电气等，其单价可适当降低。

（2）预计工程量今后会增加的分部分项工程，其综合单价可提高一些；工程量可能减少的，则单价可适当提高些，以提早收回工程款，以利于承包商的资金周转；对后期施工的项目其单价可适当降低些。

（3）图纸不明确或有错误的，预计后续要修改或取消的项目，其单价可适当降低。

（4）没有工程量，只报单价的项目（例如计日工资和零星施工机械台班小时单价），由于不影响投标总价，其单价可适当提高，今后若出现这些项目时，则可获得较多的利润。

（5）对于一些临时性工程项目，如三通一平、道路及河道占用费、保险等。由于这部分项目一般都是数量总价包干使用，故这些单价可适当降低，而提高主体工程项目的单价，以便今后主体工程项目变更时获取较多的工程费。

（6）无工程量而只报单价的项目，如土木工程中挖湿土或岩石等备用单价，单价宜高些。这样，既不影响投标总价，以后发生此施工项目时也可多得利。

采用不平衡报价一定要建立在对工程量仔细核对分析的基础上，特别是对单价报价偏低的项目，不平衡报价过多或者过于明显，就会引起业主反感，甚至导致废标。因此，在总报价不变的情况下，调整的不平衡报价一般应控制在15%的幅度范围之内。如果不注意这一点，有时业主会挑选出过高的项目，要求投标人进行单价分析，并围绕单价分析中过高的内容进行压价，以致承包商得不偿失。

【案例3-1】江苏某大型电厂一期主厂房桩基工程，此项目由中国国电集团公司、江苏省国信资产管理集团有限公司、江苏省交通控股有限公司、苏源集团江苏发电有限公司、泰州市泰能投资管理有限责任公司五方共同出资建设，资金到位情况良好，属国家重点工程。竞争对手主要为当地和上海的管桩施工队伍，这些队伍管桩施工经验丰富，投标报价水平偏低。

经过对项目状况、竞争对手的情况分析，从企业自身需求出发，为了能够在管桩施工领域占领阵地、开创局面、打开市场、建立信誉，决定采用竞争型策略，以成本加微利报价。低价的投标策略确定后，在具体报价中采用了不平衡报价法。桩基施工的工程项目相对较少，只有打桩和送桩两项，招标文件要求两种桩径的送桩长度分别为3m和5m，补充通知将两种桩径的送桩深度均按5m报价，通过对招标文件技术条款和图纸分析，送桩深度可能不足5m，送桩的结算工程量很可能小于招标工程量。因此，报价中适当调低了送桩单价，也就是在总价不变的情况下调高打桩单价，以期在合同执行中为企业带来较好的经济效益。此后的实践证明：此次采取的投标策略是正确的。

2. 多方案报价法

对一些招标文件，如果发现工程范围不很明确，条款不清楚或很不公正，或技术规范要求过于苛刻时，要在充分估计投标风险的基础上，按多方案报价法处理。即按原招标文件报一个价，然后再提出："如某条款（如某规范规定）作某些变动，价可降低多少……"，报一个较低的价。这样可以降低总价，吸引招标人。或是对某部分工程提出按"成本补偿合同"方式处理，其余部分报一个总价。

3. 增加建议方案法

有时招标文件中规定，可以提出建议方案，即可以修改原设计方案，提出投标者的方案。这时投标者应组织一批有经验的设计和施工工程师，对原招标文件的设计和施工方案进行仔细研究，提出更合理的方案以吸引招标人，促成自己的方案中标。这种新的建议方案要可以降低总造价或提前竣工或使工程运用更合理。但要注意的是，对原招标方案一定要标价，以供招投人比较。增加建议方案时，不要将方案写得太具体，保留方案的技术关键。防止招投人将此方案交给其他承包商。同时要强调的是，建议方案一定要比较成熟，或过去有这方面的实践经验。因为投标时间不长，如果仅为中标而匆忙提出一些没有把握的建议方案，可能会引起很多的后患。

4. 突然降价法

报价是一件保密性很强的工作，但是对手往往通过各种渠道、手段来刺探情况。因此，在报价时可以采取迷惑对方的手法。即按一般情况报价或表现出自己对该项目兴趣不大，到快投标截止时，再突然降价。采用这种方法时，一定要在准备投标报价的过程中考虑好降价的幅度，在临近投标截止日期，根据情报信息与分析判断，再做最后决策。采用突然降价法而中标，开标只降总价，在签订合同后可采用不平衡报价的方法调整项目内部各项单价或价格，以期取得更好的效益。

5. 先亏后盈法

有的投标方为了打进某一地区，依靠某国家、某财团和自身的雄厚资本实力，采取一种不惜代价，只求中标的低价报价方案。应用这种手法的投标方必须有较好的资信条件，并且提出的实施方案也要先进可行，同时，要加强对公司的宣传，否则即使标价低，招标人也不一定选中。如果遇到其他承包商也采取这种方法，则不一定与这类承包商硬拼，而努力争取第二、第三标，再依靠自己的经验和信誉争取中标。

四、工程量清单计价规范下的合同价款调整操作实务

（一）合同价款的约定

1. 实行招标的工程合同价款的约定

实行招标的工程合同价款应在中标通知书发出之日起30日内，由发承包双方依据招标文件和中标人的投标文件在书面合同中约定。

合同约定不得违背招、投标文件中关于工期、造价、质量等方面的实质性内容。招标文件与中标人投标文件不一致的地方，应以投标文件为准。

从以上可以看出实际操作与应用的要领：

（1）约定的依据要求：招标人向中标人发出的中标通知书；

（2）约定的时间要求：自招标人发出中标通知书之日起30日内；

（3）约定的内容要求：招标文件和中标人的投标文件；

（4）合同的形式要求：书面合同；

（5）约定的分歧处理：在合同约定时，当招标文件与中标人的投标文件不一致的应以投标文件为准。因为在工程招投标及建设工程合同签订过程中，招标文件应视为要约邀请，投标文件为要约，中标通知书为承诺。因此，在签订建设工程合同时，当招标文件与中标人的投标文件有不一致的地方时，应以投标文件为准。

2. 不实行招标的工程合同价款的约定

不实行招标的工程合同价款，应在发承包双方认可的工程价款基础上，由发承包双方在合同中约定。（参见2013版《规范》7.1.2）

这条规定是对不实行招标的工程，合同价款的约定原则。

3. 不同工程特点应采用约定不同的合同类型

实行工程量清单计价的工程，应采用单价合同；建设规模较小，技术难度较低，工期较短，且施工图设计已审查批准的建设工程可以采用总价合同；紧急抢险、救灾以及施工技术特别复杂的建设工程可采用成本加酬金合同。（参见2013版《规范》7.1.3）

（1）对实行工程量清单计价的工程，应采用单价合同方式。即合同约定的工程价款中所包含的工程量清单项目综合单价在约定条件内是固定的，不予调整，工程量允许调整。工程量清单项目综合单价在约定的条件外，允许调整。

单价合同大多用于工期长、技术复杂、实施过程中发生各种不可预见因素较多的大型土建工程，以及业主为了缩短工程建设周期，初步设计完成后就进行施工招标的工程。单价合同的工程量清单内所开列的工程量为估计工程量，而非准确工程量。

单价合同较为合理地分担了合同履行过程中的风险。因为承包商据以报价的清单工程

量为初步设计估算的工程量，如果实际完成工程量与估计工程量有较大差异时，采用单价合同可以避免业主过大的额外支出或承包商的亏损。此外，承包商在投标阶段不可能合理准确预见的风险可不必计入合同价内，有利于业主取得较为合理的报价。单价合同按照合同工期的长短，也可以分为固定单价合同和可调价单价合同两类。

(2) 对建设规模较小，技术难度较低、施工工期较短，并且施工图设计审查已经完备的工程，可以采用总价合同。

总价合同又分为固定总价合同和可调总价合同。

1) 固定总价合同。承包商按投标时业主接受的合同价格一笔包死。在合同履行过程中，如果业主没有要求变更原定的承包内容，承包商在完成承包任务后，不论其实际成本如何，均应按合同价获得工程款的支付。

采用固定总价合同时，承包商要考虑承担合同履行过程中的主要风险，因此，投标报价较高。固定总价合同的适用条件一般为：

① 工程招标时的设计深度已达到施工图设计的深度，合同履行过程中不会出现较大的设计变更，以及承包商依据的报价工程量与实际完成的工程量不会有较大差异。

② 工程规模较小，技术不太复杂的中小型工程或承包工作内容较为简单的工程部位。这样，可以使承包商在报价时能够合理地预见到实施过程中可能遇到的各种风险。

③ 工程合同期较短（一般为一年之内)，双方可以不必考虑市场价格浮动可能对承包价格的影响。

2) 可调总价合同。这类合同与固定总价合同基本相同，但合同期较长（一年以上)，只是在固定总价合同的基础上，增加合同履行过程中因市场价格浮动对承包价格调整的条款。由于合同期较长，承包商不可能在投标报价时合理地预见一年后市场价格的浮动影响，因此应在合同内明确约定合同价款的调整原则、方法和依据。

(3) 对紧急抢险，救灾以及施工技术特别复杂的建设工程可以采用成本加酬金合同。

成本加酬金合同是将工程项目的实际造价划分为直接成本费和承包商完成工作后应得酬金两部分。工程实施过程中发生的直接成本费由业主实报实销，另按合同约定的方式付给承包商相应报酬。

成本加酬金合同大多适用于边设计、边施工的紧急工程或灾后修复工程。由于在签订合同时，业主还不可能为承包商提供用于准确报价的详细资料，因此，在合同中只能商定酬金的计算方法。在成本加酬金合同中，业主需承担工程项目实际发生的一切费用，因而也就承担了工程项目的全部风险。承包商由于无风险，其报酬往往也较低。

按照酬金的计算方式不同，成本加酬金合同的形式有：成本加固定酬金合同、成本加固定百分比酬金合同、成本加浮动酬金合同、目标成本加奖罚合同等。

(4) 建设工程施工合同类型的选择

建设工程施工合同的形式繁多、特点各异，业主应综合考虑以下因素选择不同计价模式的合同：

1) 工程项目的复杂程度

规模大且技术复杂的工程项目，承包风险较大，各项费用不易准确估算，因而不宜采用固定总价合同。最好是有把握的部分采用总价合同，估算不准的部分采用单价合同或成本加酬金合同。有时在同一工程项目中采用不同的合同形式，是业主和承包商合理分担施工风险因素的有效办法。

2）工程项目的设计深度

施工招标时所依据的工程项目设计深度，经常是选择合同类型的重要因素。招标图纸和工程量清单的详细程度能否使投标人进行合理报价，取决于已完成的设计深度。不同设计阶段与合同类型的选择关系见表 4-1。

设计阶段与合同类型对照表 **表 4-1**

合同类型	设计阶段	设计主要内容	设计应满足的条件
总价合同	施工图设计	1. 详细的设备清单； 2. 详细的材料清单； 3. 施工详图； 4. 施工图预算； 5. 施工组织设计	1. 设备、材料的安排； 2. 非标准设备的制造； 3. 施工图预算的编制； 4. 施工组织设计的编制； 5. 其他施工要求
单价合同	技术设计	1. 较详细的设备清单； 2. 较详细的材料清单； 3. 工程必需的设计内容； 4. 修正概算	1. 设计方案中重大技术问题的要求； 2. 有关试验方面确定的要求； 3. 有关设备制造方面的要求
成本加酬金合同或单价合同	初步设计	1. 总概算； 2. 设计依据、指导思想； 3. 建设规模； 4. 主要设备选型和配置； 5. 主要材料需要量； 6. 主要建筑物、构筑物的型式和估计工程量； 7. 公用辅助设施； 8. 主要技术经济指标	1. 主要材料、设备订购； 2. 项目总造价控制； 3. 技术设计的编制； 4. 施工组织设计的编制

3）工程施工技术的先进程度

如果工程施工中有较大部分采用新技术和新工艺，当业主和承包商在这方面过去都没有经验，且在国家颁布的标准、规范、定额中又没有可作为依据的标准时，为了避免投标人盲目地提高承包价款，或由于对施工难度估计不足而导致承包亏损，不宜采用固定价合同，而应选用成本加酬金合同。

4）工程施工工期的紧迫程度

有些紧急工程（如灾后恢复工程等）要求尽快开工且工期较紧时，可能仅有实施方案，还没有施工图纸，因此，承包商不可能报出合理的价格，宜采用成本加酬金合同。

对于一个建设工程项目而言，究竟采用何种合同形式不是固定不变的。即使在同一个工程项目中，各个不同的工程部分或不同阶段，也可以采用不同类型的合同。在划分标段、进行合同策划时，应根据实际情况，综合考虑各种因素后再作出决策。

4. 合同价款的约定

（1）发承包双方应在合同条款中对下列事项进行约定（参见 2013 版《规范》7.2.1）：

1）预付工程款的数额、支付时间及抵扣方式；

2）安全文明施工措施的支付计划，使用要求等；

3）工程计量与支付工程进度款的方式、数额及时间；

4）工程价款的调整因素、方法、程序、支付及时间；

5）施工索赔与现场签证的程序、金额确认与支付时间；

6）承担计价风险的内容、范围以及超出约定内容、范围的调整办法；

7）工程竣工价款结算编制与核对、支付及时间；

8）工程质量保证金的数额、扣留方式及时间；

9）违约责任以及发生工程价款争议的解决方法及时间；

10）与履行合同、支付价款有关的其他事项等。

（2）合同中没有按照本规范第 7.2.1 条的要求约定或约定不明的，若发承包双方在合同履行中发生争议由双方协商确定；当协商不能达成一致时，应按本规范的规定执行。（参见 2013 版《规范》7.2.2）

（二）工程计量

1. 一般规定

（1）工程量必须按照相关工程现行国家计量规范规定的工程量计算规则计算。（参见 2013 版《规范》8.1.1）

正确的计量是发包人向承包人支付工程款的前提和依据。本条明确规定了不论何种计价方式，其工程量应当按照相关工程的现行国家计量规范规定的工程量计算规则计算。

（2）工程计量可选择按月或按工程形象进度分段计量，具体计量周期在合同中约定。（参见 2013 版《规范》8.1.2）

工程计量可选择按月或按工程形象进度分段计量，当采用分段结算方式时，应在合同中约定具体的工程分段划分界限。

（3）因承包人原因造成的超出合同工程范围施工或返工的工程量，发包人不予计量。（参见 2013 版《规范》8.1.3）

发包人对由于因承包人原因造成的超范围施工或返工的工程量，应不予计量。

（4）成本加酬金合同应按本规范第 8.2 节的规定计量。（参见 2013 版《规范》8.1.4）

成本加酬金合同的计量按照单价合同的规定计量。

2. 单价合同的计量

（1）工程量必须以承包人完成合同工程应予计量的工程量确定。（参见 2013 版《规范》8.2.1）

本条规定了单价合同的工程计量依据。1）计量计算按规则；2）计量原则按实计量。

（2）施工中进行工程计量，当发现招标工程量清单中出现缺项、工程量偏差，或因工程变更引起工程量增减时，应按承包人在履行合同义务中完成的工程量计算。（参见 2013

版《规范》8.2.2)

(3) 承包人应当按照合同约定的计量周期和时间向发包人提交当期已完工程量报告。发包人应在收到报告后7天内核实，并将核实计量结果通知承包人。发包人未在约定时间内进行核实的，承包人提交的计量报告中所列的工程量应视为承包人实际完成的工程量。(参见2013版《规范》8.2.3)

(4) 发包人认为需要进行现场计量核实时，应在计量前24小时通知承包人，承包人应为计量提供便利条件并派人参加。当双方均同意核实结果时，双方应在上述记录上签字确认。承包人收到通知后不派人参加计量，视为认可发包人的计量核实结果。发包人不按照约定时间通知承包人，致使承包人未能派人参加计量，计量核实结果无效。(参见2013版《规范》8.2.4)

(5) 当承包人认为发包人核实后的计量结果有误时，应在收到计量结果通知后的7天内向发包人提出书面意见，并应附上其认为正确的计量结果和详细的计算资料。发包人收到书面意见后，应在7天内对承包人的计量结果进行复核后通知承包人。承包人对复核计量结果仍有异议的，按照合同约定的争议解决办法处理。(参见2013版《规范》8.2.5)

(6) 承包人完成已标价工程量清单中每个项目的工程量并经发包人核实无误后，发承包双方应对每个项目的历次计量报表进行汇总，以核实最终结算工程量，并应在汇总表上签字确认。(参见2013版《规范》8.2.6)

以上(2)～(6)规定了单价合同计量的程序。

3. 总价合同的计量

(1) 采用工程量清单方式招标形成的总价合同，其工程量应按照本规范第8.2节的规定计算。(参见2013版《规范》8.3.1)

(2) 采用经审定批准的施工图纸及其预算方式发包形成的总价合同，除按照工程变更规定引起的工程量增减外，总价合同各项目的工程量应为承包人用于结算的最终工程量。(参见2013版《规范》8.3.2)

从以上两条可看出实际操作与应用的要点：

1) 清单计价的总价合同计量方法：同单价合同计量。(按实计量)

2) 预算方式的总价合同计量方法：除按照工程变更规定引起的工程量增减外，总价合同各项目的工程量是承包人用于结算的最终工程量。这是与单价合同的最本质区分。

(3) 总价合同约定的项目计量应以合同工程经审定批准的施工图纸为依据，发承包双方应在合同中约定工程计量的形象目标或时间节点进行计量。(参见2013版《规范》8.3.3)

(4) 承包人应在合同约定的每个计量周期内对已完成的工程进行计量，并向发包人提交达到工程形象目标完成的工程量和有关计量资料的报告。(参见2013版《规范》8.3.4)

(5) 发包人应在收到报告后7天内对承包人提交的上述资料进行复核，以确定实际完成的工程量和工程形象目标。对其有异议的，应通知承包人进行共同复核。(参见2013版《规范》8.3.5)

上面(3)～(5)规定了总价合同计量的程序。

（三）合同价款调整操作实务

1. 一般规定

（1）下列事项（但不限于）发生，发承包双方应当按照合同约定调整合同价款：（参见 2013 版《规范》9.1.1）

1）法律法规变化；

2）工程变更；

3）项目特征不符；

4）工程量清单缺项；

5）工程量偏差；

6）计日工；

7）物价变化；

8）暂估价；

9）不可抗力；

10）提前竣工（赶工补偿）；

11）误期赔偿；

12）索赔；

13）现场签证；

14）暂列金额；

15）发承包双方约定的其他调整事项。

本条规定了发承包双方应当按照合同约定调整合同价款的 15 个事项。可以看出调价因素的分类：

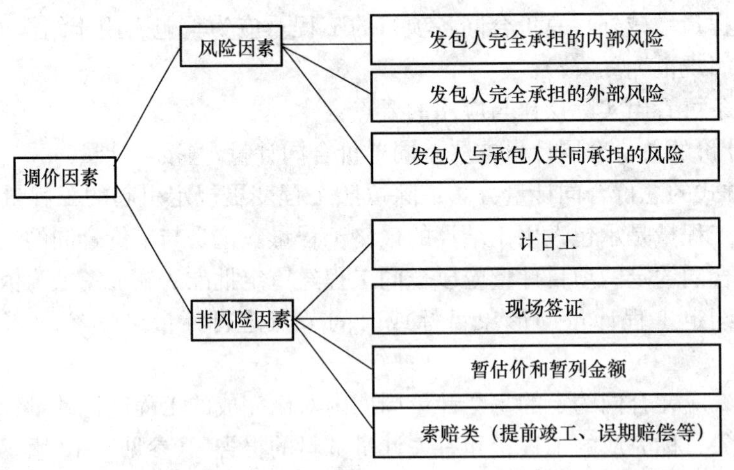

那么这里面的风险因素又可分为以下几种：

① 发包人完全承担的外部风险：

A. 法律法规变化；

B. 人工费的调整；

C. 政府定价或政府指导价管理的原材料等价格的调整。

② 发包人完全承担的内部风险：

A. 工程变更；

B. 项目特征不符；

C. 工程量清单缺项。

③ 发包人与承包人共同承担的风险：

A. 物价变化；

B. 不可抗力；

C. 工程量偏差。

(2) 出现合同价款调增事项（不含工程量偏差、计日工、现场签证、索赔）后的 14 天内，承包人应向发包人提交合同价款调增报告并附上相关资料；承包人在 14 天内未提交合同价款调增报告的，应视为承包人对该事项不存在调整价款请求。(参见 2013 版《规范》9.1.2)

从这条可以总结出两个要点：

1) 价款调增提出时间：出现调增事项后的 14 天内；

2) 逾期不提出的后果：视为放弃调增权利。

(3) 出现合同价款调减事项（不含工程量偏差、索赔）后的 14 天内，发包人应向承包人提交合同价款调减报告并附相关资料；发包人在 14 天内未提交合同价款调减报告的，应视为发包人对该事项不存在调整价款请求。(参见 2013 版《规范》9.1.3)

从这条可以总结出两个要点：

1) 价款调减提出时间：出现调增事项后的 14 天内；

2) 逾期不提出的后果：视为放弃调减权利。

(4) 发（承）包人应在收到承（发）包人合同价款调增（减）报告及相关资料之日起 14 天内对其核实，予以确认的应书面通知承（发）包人。当有疑问时，应向承（发）包人提出协商意见。发（承）包人在收到合同价款调增（减）报告之日起 14 天内未确认也未提出协商意见的，应视为承（发）包人提交的合同价款调增（减）报告已被发（承）包人认可。发（承）包人提出协商意见的，承（发）包人应在收到协商意见后的 14 天内对其核实，予以确认的应书面通知发（承）包人。承（发）包人在收到发（承）包人的协商意见后 14 天内既不确认也未提出不同意见的，应视为发（承）包人提出的意见已被承（发）包人认可。(参见 2013 版《规范》9.1.4)

本条规定了发（承）包人应在收到承（发）包人合同价款调增（减）报告及相关资料之日后的时限，以及未履行核实，确认义务应承担的后果。

(5) 发包人与承包人对合同价款调整的不同意见不能达成一致的，只要对发承包双方履约不产生实质影响，双方应继续履行合同义务，直到其按照合同约定的争议解决方式得到处理。(参见 2013 版《规范》9.1.5)

本条规定了发包人与承包人对合同价款调整的不同意见不能达成一致的处理办法。

(6) 经发承包双方确认调整的合同价款，作为追加（减）合同价款，应与工程进度款或结算款同期支付。(参见 2013 版《规范》9.1.6)

从 (5)、(6) 可以总结出两个要点：1) 调整价款支付时间：与工程进度款同期支付；2) 调整价款如在工程结算期间发生的，应在竣工结算款支付。

2. 法律法规变化

（1）各种有关法律法规的规定

1）根据《建设工程价款结算暂行办法》（财建［2004］369号）第八条（三）可调价格。可调价格包括可调综合单价和措施费等，双方应在合同中约定综合单价和措施费的调整方法，调整因素包括：

① 法律、行政法规和国家有关政策变化影响合同价款；

② 工程造价管理机构的价格调整。

2）根据《标准施工招标文件》（九部委令第56号）通用条款第11条价格调整中11.2法律变化引起的调整：

基准日期后，法律变化导致承包人在合同履行过程中所需要的费用发生除第11.1款〔市场价格波动引起的调整〕约定以外的增加时，由发包人承担由此增加的费用；减少时，应从合同价格中予以扣减。基准日期后，因法律变化造成工期延误时，工期应予以顺延。

因法律变化引起的合同价格和工期调整，合同当事人无法达成一致的，由总监理工程师按第4.4款〔商定或确定〕的约定处理。

因承包人原因造成工期延误，在工期延误期间出现法律变化的，由此增加的费用和（或）延误的工期由承包人承担。

3）2013版《规范》第3.4.2条对引起合同价款调整的法律法规变动范围进行了明确的规定：

由于下列因素出现，影响合同价款调整的，应由发包人承担（参见2013版《规范》3.4.2）：

① 国家法律、法规、规章和政策发生变化；

② 省级或行业建设主管部门发布的人工费调整，但承包人对人工费或人工单价的报价高于发布的除外；

③ 由政府定价或政府指导价管理的原材料等价格进行了调整。

根据上述规定，引起合同价款调整的法律法规文件的类型大体可以分为三类：法律法规、省级有关规定、工程造价管理机构发布的调价文件。

（2）调整依据

1）招标工程以投标截止日前28天、非招标工程以合同签订前28天为基准日，其后因国家的法律、法规、规章和政策发生变化引起工程造价增减变化的，发承包双方应当按照省级或行业建设主管部门或其授权的工程造价管理机构据此发布的规定调整合同价款。（参见2013版《规范》9.2.1）

2）因承包人原因导致工期延误的，按本规范第9.2.1条规定的调整时间，在合同工程原定竣工时间之后，合同价款调增的不予调整，合同价款调减的予以调整。（参见2013版《规范》9.2.2）

由上述规定可知：

① 当法律法规变动引起合同价款调整时，2013版《规范》以“基准日”为是否进行调整的重要时间节点；

② 法律法规变动引起合同价款调整时，承包人一般不承担此类风险，而9.2.2条是对9.2.1条的特殊情况的处理，即因承包人原因导致工期延误时，应该由过错方（即承包

人）承担不利后果：价款只调减不调增。2013 版《规范》第 9.2.2 条中的“规定的调整时间”，为发承包双方确认调整合同价款的时间。

“基准日”为投标截止日前第 28 天（非招标工程为合同签订前第 28 天）。在基准日之前，由承包人承担因国家的法律、法规、规章和政策发生变化而引起的工程造价增减变化。在基准日之后，由发包人承担因国家的法律、法规、规章和政策发生变化而引起的工程造价增减变化。以基准日为界划分风险分担见图 4-1。

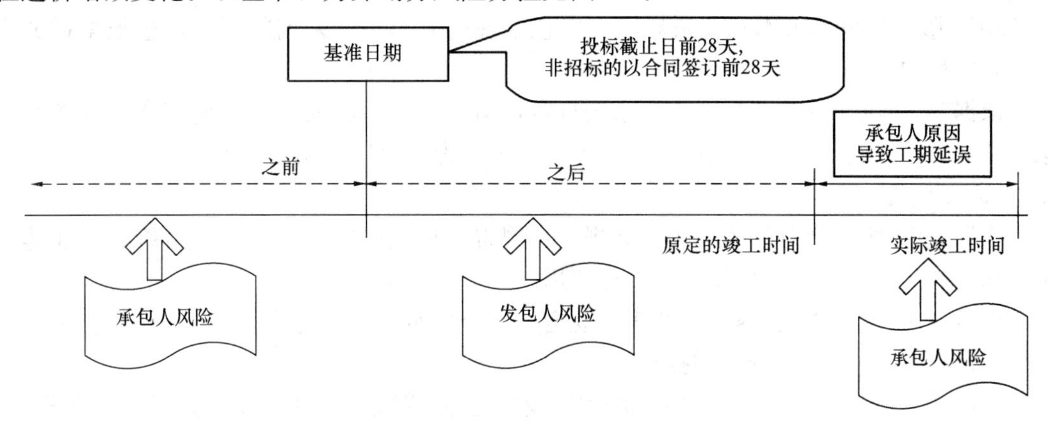

图 4-1　招投标基准日示意图

由此可知，法律法规变化引起合同价款调整的时候，发承包双方应当依据参见 2013 版《规范》调整合同价款。因承包人原因导致工期延误，且调整时间在合同工程原定竣工时间之后，合同价款调增的不予调整，合同价款调减的予以调整。风险由承包人承担。

（3）调整内容

当新出台的法规规定对规费、税金以及措施费中的安全文明施工费进行调整时，发承包双方应按照相关的调整方法来进行合同价款的调整。

1）规费

2013 版《规范》第 2.0.34 条规定：根据国家法律、法规规定，由省级政府或省级有关权力部门规定施工企业必须缴纳的，应计入建筑安装工程造价的费用。

2013 版《规范》第 4.5.1 条规定：规费项目清单应按照下列内容列项：

① 社会保险费：包括养老保险费、失业保险费、医疗保险费、工伤保险费、生育保险费；

② 住房公积金；

③ 工程排污费。

2013 版《规范》第 4.5.2 条规定：出现本规范第 4.5.1 条未列的项目，应根据省级政府或省级有关权力部门的规定列项。

2013 版《规范》第 3.1.6 条规定：规费和税金必须按国家或省级、行业建设主管部门的规定计算，不得作为竞争性费用。当新出台当法规规定对其调整时，承发包双方应按照相关的调整方法来进行合同价格的调整。

2）税金

2013 版《规范》第 2.0.35 条规定：国家税法规定的应计入建筑安装工程造价内的营

业税、城市维护建设税、教育费附加和地方教育附加。

2013版《规范》第4.6.1条规定：税金项目清单应包括下列内容：

① 营业税；

② 城市维护建设税；

③ 教育费附加；

④ 地方教育附加。

2013版《规范》第4.6.2条规定：出现本规范4.6.1条未列的项目，应根据税务部门的规定列项。

依据2013版《规范》第3.1.5条的规定，措施项目中的安全文明施工费必须按照国家或省级、行业建设主管部门的规定计算，不得作为竞争性费用。

3）安全文明施工费

依据2013版《规范》第3.1.6条规定：规费和税金必须按照国家或省级、行业建设主管部门的规定计算，不得作为竞争性费用。

依据2013版《规范》第10.2.1条规定：安全文明施工费包括的内容和使用范围，应符合国家有关文件和计量规范的规定。

依据《企业安全生产费用提取和使用管理方法》（财企[2012]16号）第19条规定，建设工程施工企业安全费用应当按照以下范围使用：

① 完善、改造和维护安全防护设施设备支出（不含“三同时”要求初期投入的安全设施），包括施工现场临时用电系统、洞口、临边、机械设备、高处作业防护、交叉作业防护、防火、防爆、防尘、防毒、防雷、防台风、防地质灾害、地下工程有害气体监测、通风、临时安全防护等设施设备支出；

② 配备、维护、保养应急救援器材、设备支出和应急演练支出；

③ 开展重大危险源和事故隐患评估、监控和整改支出；

④ 安全生产检查、评价（不包括新建、改建、扩建项目安全评价）、咨询和标准化建设支出；

⑤ 配备和更新现场作业人员安全防护用品支出；

⑥ 安全生产宣传、教育、培训支出；

⑦ 安全生产适用的新技术、新标准、新工艺、新装备的推广应用支出；

⑧ 安全设施及特种设备检测检验支出；

⑨ 其他与安全生产直接相关的支出。

4）人工费

依据《建筑安装工程费用项目组成》（建标[2013]44号），建筑安装工程费用项目组成（按费用构成要素划分）中人工费的定义为：人工费是指按工资总额构成规定，支付给从事建筑安装工程施工的生产工人和附属生产单位工人的各项费用。内容包括：

① 计时工资或计件工资：是指按计时工资标准和工作时间或对已做工作按计件单价支付给个人的劳动报酬。

② 奖金：是指对超额劳动和增收节支支付给个人的劳动报酬。如节约奖、劳动竞赛奖等。

③ 津贴补贴：是指为了补偿职工特殊或额外的劳动消耗和因其他特殊原因支付给个

人的津贴，以及为了保证职工工资水平不受物价影响支付给个人的物价补贴。如流动施工津贴、特殊地区施工津贴、高温（寒）作业临时津贴、高空津贴等。

④ 加班加点工资：是指按规定支付的在法定节假日工作的加班工资和在法定日工作时间外延时工作的加点工资。

⑤ 特殊情况下支付的工资：是指根据国家法律、法规和政策规定，因病、工伤、产假、计划生育假、婚丧假、事假、探亲假、定期休假、停工学习、执行国家或社会义务等原因按计时工资标准或计时工资标准的一定比例支付的工资。

依据 2013 版《规范》附录 A 中 A.2.2 中规定：人工单价发生变化且符合规范第 3.4.2 条第 2 款规定的条件时，发承包双方应按省级或行业建设主管部门或其授权的工程造价管理机构发布的人工成本文件调整合同价款。

3.4.2 由于下列因素出现，影响合同价款调整的，应由发包人承担：

① 国家法律、法规、规章和政策发生变化；

② 省级或行业建设主管部门发布的人工费调整，但承包人对人工费或人工单价的报价高于发布的除外；

③ 由政府定价或政府指导价管理的原材料等价格进行了调整。

依据 2013 版《规范》附录 A 中 A.2.1 造价信息调整价格差额的规定：施工期内，因人工、材料和工程设备和机械台班价格波动影响合同价格时，人工、机械使用费按照国家或省、自治区、直辖市建设行政管理部门、行业建设管理部门或其授权的工程造价管理机构发布的人工成本、机械台班单价或机械使用费系数进行调整。

依据《标准施工招标文件》（九部委令第 56 号）第 16.1.2 条规定：施工期内，因人工价格波动影响合同价格时，人工、机械使用费按照国家或省、自治区、直辖市建设行政管理部门、行业建设管理部门或其授权的工程造价管理机构发布的人工成本信息进行调整。即招标文件规定投标报价时，采用工程造价管理机构发布的价格信息作为人工的市场价格，按照本项约定调整价格差额。

【案例 4-1】某道路排水工程新建提升泵站一座，新增排污能力 2200m³/日，铺设排水管道 2958 米。工程建设时间 2010 年 6 月至 2011 年 6 月。通过招投标，A 市政建设公司中标。施工期间，由于承包商购买的预订的钢筋混凝土管道供货不及时和其他承包商方面的原因，导致工期延误 5 月。施工期间，建［2011］135 号文件对 2011 年 7 月 1 日以后工程税金费率由 3.45％调整到 3.48％。

承包商在最终结算时，将税率按照调整后的最高税率即 3.48％计算，报审税率共 247.92 万元，具体计算见表 4-2、表 4-3。

2011 年 7 月～2011 年 10 月 31 日完工工程税金计取表 **表 4-2**

序号	内　　容	金额（万元）
1	分部分项工程量清单计价合计	1424
2	措施项目清单计价合计	329
3	其他项目清单计价合计	
4	规费	28.04
5	税金（3.48％）	61.98

2010 年 6 月 1 日～2011 年 7 月 1 日完工工程税金计取表　　表 4-3

序号	内　容	金额（万元）
1	分部分项工程量清单计价合计	4272
2	措施项目清单计价合计	987
3	其他项目清单计价合计	
4	规费	84
5	税金（3.48%）	185.94

审计部门根据对于税率调整规定，虽然政府规定税率进行了调整，但是调整日期在原定竣工日期之后，而且其工期延误的原因是由于承包商的原因造成的，认为其税率审定金额为（1424＋329＋28.04＋4272＋987＋84）×3.45%＝245.78 万元。

根据 2013 版《规范》规定，因承包人原因导致工期延误，调整时间在合同工程原定竣工时间之后，合同价款调增的不予调整，合同价款调减的予以调整。本案例中工期延误 5 个月是由于承包商的原因造成的，合同条款中约定当法律法规变化时，应作出不利于责任方的合同价款的调整。

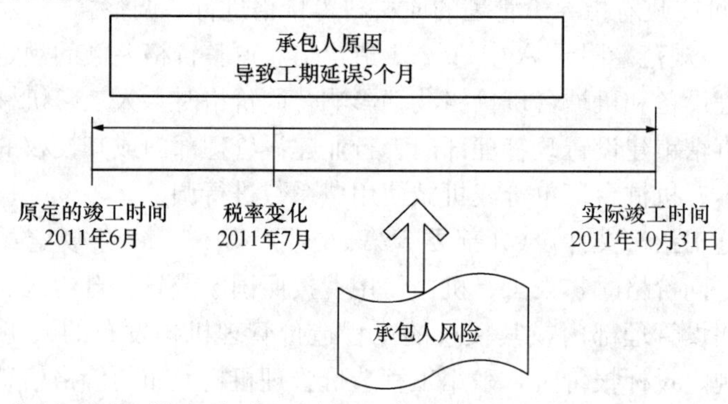

因此承包商应该承担税率变化后的风险。故承包商的税金应该减审（61.98＋185.74）－245.78＝2.14 万元。

由以上的案例可以总结出具体操作中的经验：

（1）合同签订时，应事前约定风险分担原则，详细规定调价范围、基准日期、价款调整的计算方法。

（2）政策性调整发生后，应按照事前约定的风险分担原则确定价款调整的数额。如在施工期间出现多次政策性调整现象，最终的价款调整数额应依据政策性调整时间分阶段计算。

3. 项目特征不符

（1）项目特征的概念

2013 版《规范》第 2.0.7 条对“项目特征”的定义为构成分部分项工程项目、措施项目自身价值的本质特征。

依据 2013 版《规范》第 9.4 条的规定，在招标工程量清单中对项目特征的描述分为两种情况：

1）项目特征描述不完整。例如在进行实心砖墙的特征描述时，要从砖品种、规则、强度等级，墙体类型，墙体厚度，墙体高度，勾缝要求，砂浆强度等级、配合比六个方面进行描述，其中任何一项描述不完整都会构成对实心砖墙项目特征的描述与实际施工要求不符。

2）项目特征描述错误。例如某桥涵工程中，招标时某桥墩项目工程量清单项目特征中描述为薄壁式桥墩 C40，而实际施工图纸中该项目为柱式桥墩 C30。

（2）项目特征描述不符形成原因及责任

项目特征描述不符形成原因：

1）工程量清单编制人员主观因素。

① 项目特征描述与设计图纸不相符；

② 计算部位表述不清晰；

③ 材料规格描述不完整；

④ 工程做法简单指向图集代码。

2）施工图的设计深度和质量问题。施工图的设计深度和质量主要是设计工程师的责任。

3）项目特征描述方法不合理。项目特征描述方法不合理主要表现在对项目特征进行描述时没有明确的工作目标和要求以及合理的描述程序，造成项目特征描述的不准确。

（3）项目特征描述不符的责任

2013 版《规范》对于“项目特征不符”引起的价款调整的规定比 2008 版《规范》更加强调了“项目特征描述不符”为发包人的责任，调整原则与 2008 版《规范》相同，即按照实际施工的项目特征（新的项目特征）重新确定综合单价。相关条款的对比分析见表 4-4。

项目特征新旧规范对比表　　**表 4-4**

<table>
<tr><th colspan="2">2008 版《规范》</th><th colspan="2">2013 版《规范》</th></tr>
<tr><th>条款</th><th>条文规定</th><th>条款</th><th>条文规定</th></tr>
<tr><td rowspan="2">4.7.2</td><td rowspan="2">若施工中出现施工图纸（含设计变更）与工程量清单项目特征描述不符的，发、承包双方应按新的项目特征确定相应工程量清单项目的综合单价</td><td>9.4.1</td><td>发包人在招标工程量清单中对项目特征的描述，应被认为是准确的和全面的，并且与实际施工要求相符合。承包人应按照发包人提供的招标工程量清单，根据其项目特征描述的内容及有关要求实施合同工程，直到项目被改变为止</td></tr>
<tr><td>9.4.2</td><td>承包人应按照发包人提供的设计图纸实施合同工程，若在合同履行期间，出现设计图纸（含设计变更）与招标工程量清单任一项目的特征描述不符，且该变化引起该项目的工程造价增减变化的，应按照实际施工的项目特征，按本规范第 9.3 节相关条款的规定重新确定相应工程量清单项目的综合单价，并调整合同价款</td></tr>
</table>

综合单价的构成（图 4-2）。

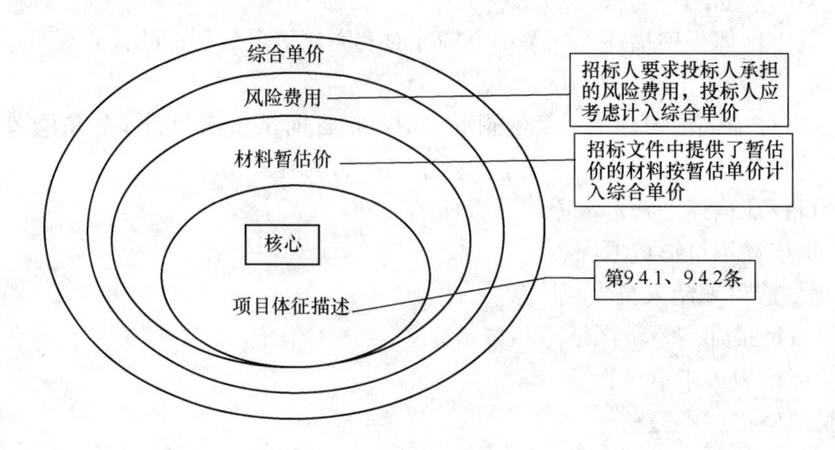

图4-2 综合单价构成示意图

2013版《规范》对项目特征描述不符的规定与2008版《规范》规定一致，即发包人在招标工程量清单中对项目特征的描述应被认为是准确和全面的，承包人应按照图纸施工。若施工图纸与项目特征描述不符，发包人应承担该风险导致的损失。在施工完成后，承发包双方应按照实际施工的项目特征据实结算。

1）投标报价过程中：承包人应及时与发包人沟通，请发包人对该问题予以澄清；

2）施工过程中：首先依据合同约定，如果合同未作约定，则按2013版《规范》9.4.1中变更程序，由承包人提出争议的地方，并上报发包人新的方案，并要求直到其改变为止。9.4.2条中规定，承包人经发包人同意后，应按照实际施工的项目特征按本规范第9.3节相关条款的规定重新确定相应工程量清单项目的综合单价，调整合同价款。

（4）由以上可以总结出具体操作中的经验

发包人在投标须知中要求承包人对招标工程量清单进行审查，补充漏项并修正错误，否则视为投标人认可工程量清单，如有遗漏或者错误，则由投标人自行负责，履行合同过程中不会因此调整合同价款。这种看法是错误的，即使承包人对在招标工程量清单进行了审查并且没有提出异议，但并不意味着承包人应承担此项风险。所以发包人在编制招标工程量清单时，应确保项目特征的准确性与全面性。

即使项目特征的描述的准确性与全面性是由发包人负责的，但在出现项目特征与施工图纸不符时，承包人也不应进行擅自变更，或直接按照图纸施工，而应先提交变更申请，再进行变更，否则擅自变更的后果很可能与发包人产生纠纷。

4. 工程量清单缺项

（1）工程量清单缺项的概念

2013版《规范》中工程量清单缺项引起的价款调整是在2008《规范》基础上改写的。导致工程量清单缺项的原因，一是设计变更；二是施工条件改变；三是工程量清单编制错误。工程量清单项目的增减变化必然带来合同价款的增减变化。工程量清单缺项包括实体项目缺项和措施项目缺项。相关条款的对比分析见表4-5。

（2）清单计价规范下中标之后清单项目遗漏问题的处理

中标之后又发现清单存在漏项的情况。这时对于是否属于清单漏项，可能成为发承包方争议的焦点。对此问题投标人应分不同的情况处理：

工程量清单缺项引起的价款调整新旧规范对比表 **表 4-5**

2008 版《规范》		2013 版《规范》	
条款	条文规定	条款	条文规定
4.7.3	因分部分项工程量清单漏项或非承包人原因的工程变更，造成增加新的工程量清单项目，其对应的综合单价按下列方法确定： 1. 合同中已有适用的综合单价，按合同中已有的综合单价确定； 2. 合同中有类似的综合单价，参照类似的综合单价确定； 3. 合同中没有适用或类似的综合单价，由承包人提出综合单价，经发包人确认后执行	9.5.1	合同履行期间，由于招标工程量清单中缺项，新增分部分项工程清单项目的，应按照本规范第 9.3.1 条规定确定单价并调整合同价款
		9.5.2	新增分部分项工程清单项目后，引起措施项目发生变化的，应按照本规范第 9.3.2 条的规定，在承包人提交的实施方案被发包人批准后调整合同价款
4.7.4	因分部分项工程量清单漏项或非承包人原因的工程变更，引起措施项目发生变化，造成施工组织设计或施工方案变更，原措施费中已有的措施项目，按原措施费的组价方法调整；原措施费中没有的措施项目，由承包人根据措施项目变更情况，提出适当的措施费变更，经发包人确认后调整	9.5.3	由于招标工程量清单中措施项目缺项，承包人应将新增措施项目实施方案提交发包人批准后，按照本规范第 9.3.1、第 9.3.2 条的规定调整合同价款

1）若施工图表达出的工程内容，在《计价规范》的某个附录中有相应的“项目编码”和“项目名称”，但清单并没有反映出来，则应当属于清单漏项；

2）若施工图表达出的工程内容，虽然在《计价规范》附录及清单中均没有反映，理应由清单编制者进行补充的清单项目，也属于清单漏项；

3）若施工图表达出的工程内容，虽然在《计价规范》附录的“项目名称”中没有反映，但在本清单项目已经列出的某个“项目特征”中有所反映，则不属于清单漏项，而应当作为主体项目的附属项目，并人综合单价计价。

（3）工程量清单缺项风险因素的风险分担

依据 2013 版《规范》第 9.3.1 条规定：

1）已标价工程量清单中有适用于变更工程项目的，采用该项目的单价；

2）已标价工程量清单中没有适用但有类似于变更工程项目的，可在合理范围内参照类似项目的单价；

3）已标价工程量清单中没有适用也没有类似于变更工程项目的，由承包人根据变更工程资料、计量规则和计价办法、工程造价管理机构发布的信息价格和承包人报价浮动率提出变更工程项目的单价，并报发包人确认后调整。

结合上表中 2013 版《规范》第 9.5.1 条规定与 2008 版《规范》第 4.7.3 条对比可以看出，2013 版《规范》与 2008 版《规范》关于工程量清单缺项引起的新增分部分项清单项目的变更价款确定一致，由于招标人应对招标文件中工程量清单的准确性和完整性负责，故工程量清单缺项导致的变更引起合同价款的增减，应由发包人承担此类风险。

依据 2013 版《规范》第 9.3.2 条规定，工程变更引起施工方案改变并使措施项目发生变化时，承包人提出调整措施项目费的，应事先将拟实施的方案提交发包人确认，并详细说明与原方案措施项目相比的变化情况。拟实施的方案经发承包双方确认后执行。

结合表 4-5 中 2013 版《规范》第 9.5.2 条规定与 2008 版《规范》第 4.7.4 条对比可以看出，2013 版《规范》与 2008 版《规范》关于工程量清单缺项引起的新增措施项目的规定类似，均由承包人根据措施项目变更的情况，拟定实施方案被发包人批准后予以调整。因此，由于工程量清单缺项或变更部分引起的措施项目费变化，应由发包人承担相应责任，并支付承包人因施工增加的费用。

（4）工程量清单缺项引起合同价款调整的方法

1）清单缺项导致新增清单项目价款调整的方法，按照上表中 2013 版《规范》9.5.1 条款约定的按 9.3.1 确定单价：

① 已标价工程量清单中有适用于变更工程项目的，采用该项目的单价；

② 已标价工程量清单中没有适用、但有类似于变更工程项目的，可在合理范围内参照类似项目的单价；

③ 已标价工程量清单中没有适用也没有类似于变更工程项目的，由承包人根据变更工程资料、计量规则和计价办法、工程造价管理机构发布的信息价格和承包人报价浮动率提出变更工程项目的单价，报发包人确认后调整。

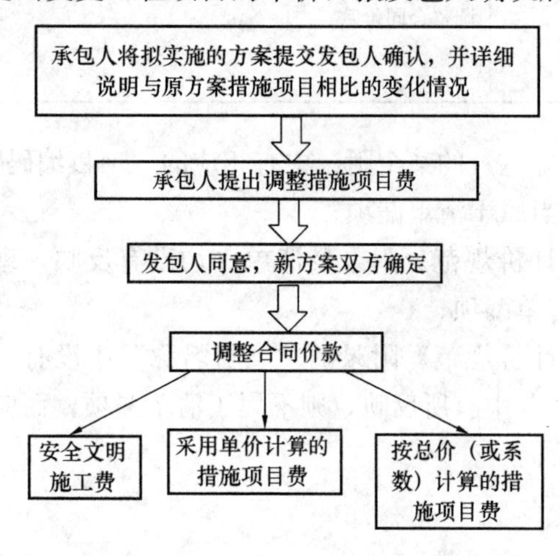

图 4-3　措施费调整程序

2）清单缺项导致新增清单项导致措施项目发生变化的，应按照 2013 版《规范》第 9.3.2 条的规定，在承包人提交的实施方案被发包人批准后，调整合同价款。

① 原措施费中已有的措施项目，应按原有措施费的组价方法调整；

② 原措施费中没有的措施项目，由承包人根据措施项目变更情况，提出适当的措施费变更，经发包人确认后调整。如新增一个悬挑梁的分部分项工程，导致模板增加，由承包人提出新的施工方案和组价方式，由发包人同意后调整，见图 4-3。

措施项目是开口清单项目，由投标人自行依据拟建工程的施工组织设计、施工技术方案、施工规范、工程验收规范以及招标文件和设计文件来增补，若因承包人自身原因导致施工方案的改变，进而导致措施项目缺项的情况很难被招标人认可，一般需经发包人同意后才可以调整。

招标文件以及设计文件等也是编制措施项目的重要依据，应该由招标人提供，如果因发包人原因或招标文件和设计文件的缺陷导致措施项目漏项，则给予调整。

2013 版《规范》第 6.2.3 规定，分部分项工程和措施项目中的单价项目，应根据招标文件和招标工程量清单项目中的特征描述确定综合单价计算。

2013 版《规范》第 6.2.4 规定，措施项目中的总价项目金额应依据招标文件中的措施项目清单及投标时拟定的施工组织设计或施工方案按照本规范第 3.1.4 条的工程量清单应采用综合单价计价的规定自主确定。其中安全文明施工费应按照本规范第 3.1.5 条的规定确定。

（5）由以上可以总结出具体操作中的经验

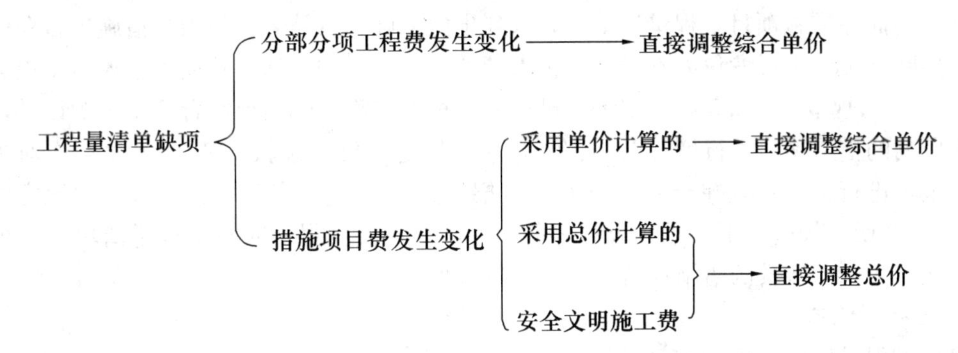

【案例 4-2】由甲市某市政工程公司承建的某学院南北校区下穿人行应急通道工程于2012年3月28日开工建设，2012年5月10日竣工验收，评为合格工程，已投入使用。

施工单位进场后，由于无专项深基坑支护施工方案，无法进行施工作业，经与建设单位联系，因原设计单位无深基坑支护设计资质，故设计单位在施工图中已明确规定应由具有相应资质的设计单位进行深基坑支护方案设计。

由于该工程招标文件及清单中均无深基坑支护方案项目。建设单位及清单编制单位在招标时未考虑该费用，经咨询建设主管部门，该工程基础已超过5m，属深基坑施工作业，必须由具有深基坑处理及设计资质的单位进行设计，并由专家论证后方可实施。

2012年4月，经建设单位比选后由某岩土工程有限公司设计，该方案经研究院评审通过，由总承包单位分包给具有深基坑处理资质的施工单位实施。2012年5月，与建设单位签订了该项方案的补充协议。

施工单位投标报价时，由于无具体的施工图及清单，故无报价。2012年11月经审计部门审核，意见为：该项目应为措施费，投标单位在投标时已考虑该费用。目前该项目费用为72万余元，处于结算审计中。建设单位、施工单位均认为此次深基坑支护工程主要是钢筋混凝土挡墙和土钉喷锚等，属于实体工程，不应计入措施项目，此外，下穿通道工程的招标工程量清单中对此部分实体工程未列出相应的分部分项，应属于清单漏项，需按照相关程序进行工程量变更增减。

【解析】本案例中深基坑支护属于措施项目，但是依据四川省文件该措施项目应给与支付，原因在于该工程属于超过一定规模的危险性较大的分部分项工程范围，建设单位进行深基坑工程发包时，应将其列入工程量清单并选择有相应资质的勘察、设计、施工、监理、监测和检测单位；而建设单位并没有这么做，所以建设单位存在主要的过错，属于建设单位在招标过程中设计有缺陷从而导致了纠纷的发生。

依据2013版《规范》第9.5.3条规定，由于招标工程量清单中措施项目缺项，承包人应将新增措施项目实施方案提交发包人批准后，按照本规范第9.3.1条、9.3.2条的规定调整合同价款。

这就说明了：建设单位编制措施项目清单时——清单列项的重要性；要注意不同的省市对深基坑支护工程的划分并不一样，如《湖南省建设工程工程量清单计价办法》规定基坑支护桩、土钉及喷锚等均属于实体工程，应按施工图施工。而《四川省建设工程工程量清单计价定额》将深基坑支护结构按有关措施项目计算。所以，在实际中，应根据所承揽项目所在地来确定编制招标文件中各项清单的依据。

关于新增措施项目清单的调整需要着重强调的是：承包人在投标报价时可将施工中已

方会涉及的而在措施项目工程量清单中并未列出的措施项目补齐。原因是措施项目费的缺项很难判断，可能出现发包人不批准承包人调整措施费用的申请，致使承包人遭受损失。

2008版《规范》4.3.5条规定了“投标人可根据工程实际情况结合施工组织设计，对招标人所列的措施项目进行增补”。而2013版《规范》仅在条款6.2.3、6.2.5中对措施项目的报价进行了规定，并未有承包人应对招标人所列的措施项目进行增补的规定。因此，在2013版《规范》下，承包人为避免损失，应在投标报价时对工程量清单中未列出而己方在施工中会涉及的措施项目补齐并确定报价。

5. 工程量偏差

(1) 工程量偏差的概念

工程量偏差作为一个新出现的概念，其定义首次在2013版《规范》中得到明确，而在2013版《规范》颁布以前，一般以“工程量增减”或“工程量变化”来表示实际工程量与清单工程量的差值。招投标阶段的工程量清单是估算的，是投标人编制投标报价的基础。在工程实施过程中，由于设计变更或发包人提供的工程量不准确等原因，导致承包人实际完成的工程量与工程量清单表中的数量不符，即产生了工程量偏差。

依据2013版《规范》中第2.0.16条规定：工程量偏差是承包人按照合同工程的图纸（含经发包人批准由承包人提供的图纸）实施，按照现行国家计量规范规定的工程量计算规则计算得到的完成合同工程项目应予计量的工程量与相应的招标工程量清单项目列出的工程量之间出现的量差。

(2) 工程量偏差的分析

2013版《规范》与2008版《规范》中关于工程量偏差的规定对比见表4-6。

工程量偏差新旧规范对比表　　　**表4-6**

2008版《规范》		2013版《规范》	
条款	条文规定	条款	条文规定
4.7.5	因非承包人原因引起的工程量增减，该项工程量变化在合同约定幅度以内的，应执行原有的综合单价；该项工程量变化在合同约定幅度以外的，其综合单价及措施项目费应予以调整	9.6.2	对于任一招标工程量清单项目，当因本条规定的工程量偏差和第9.3节规定的工程变更等原因导致工程量偏差超过15%时，可进行调整。 当工程量增加15%以上时，增加部分的工程量的综合单价应予调低；当工程量减少15%以上时，减少后剩余部分的工程量的综合单价应予调高
		9.6.3	当工程量出现本规范第9.6.2条的变化，且该变化引起相关措施项目相应发生变化时，按系数或单一总价方式计价的，工程量增加的措施项目费调增，工程量减少的措施项目费调减

由表4-6 2008版《规范》4.7.5可看出：工程量偏差对工程量清单项目的综合单价产生影响，是否调整综合单价以及如何调整应在合同中约定；若合同未作约定，按照以下原则调整：

1）当工程量清单变化幅度在10%以内时，综合单价不作调整，执行原有综合单价；

2）当工程量清单变化幅度在10%以外时，影响分部分项工程费超过10%，其综合单价及对应的措施费均作调整。调整方法由承包人对增加或减少后剩余的工程量提出综合单价和措施项目费，经发包人确认后调整。

由 2013 版《规范》9.6.2 中可看出：明确规定了工程量偏差的幅度范围，将其调整幅度明确至±15%，这与 2008 版《规范》中“工程量变化幅度 10%”存在差异。2013 版《规范》中将双方风险分担的界限予以明确的划分：承发包共同承担工程量偏差±15%以外引起的价款调整风险，发包人承担±15%以内的风险，见图 4-4。

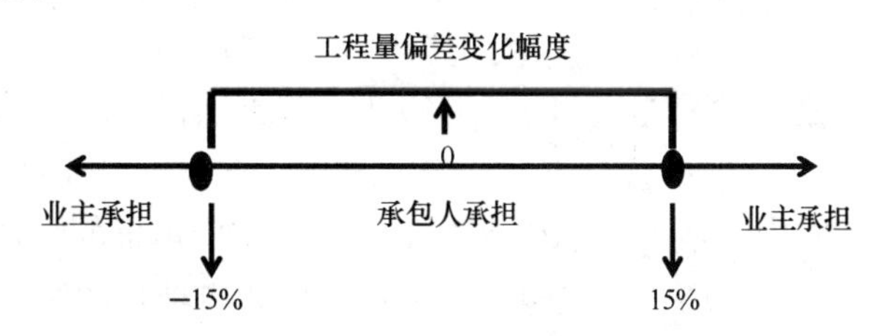

图 4-4 工程量偏差的风险承担示意图

需要注意的是 2013 版《规范》9.6.2 中“增加部分的工程量”很容易产生歧义，究竟是指“实际工程量比预计工程量增加的部分”还是“实际工程量比（原工程量×1.15）增加部分的工程量”，要根据各省市的相关规定来确定。一般来说采用第二种的解释比较多。

（3）工程量偏差引起合同价款调整的方法

1）调整原则

2013 版《规范》规定合同履行期间若应予计算的实际工程量与招标工程量清单出现偏差，且同时满足下面两条规定，发承包双方才能调整合同价款：

① 对任一招标工程量清单项目，如果因实际计量工程量与招标工程量清单中的工程量的工程量偏差和由工程变更等原因引起的工程量偏差超过 15%以上时，调整原则为：当工程量增加 15%以上时，其增加部分的工程量的综合单价应予调低；当工程量减少 15%以上时，减少后剩余部分的工程量的综合单价应予调高；

② 如果工程量出现①条规定，且该变化引起相关措施项目相应发生变化，如果按系数或单一总价方式计价的，工程量增加的措施项目调增，工程量减少的措施项目调减。

2）分部分项工程费的调整

根据 2013 版《规范》中对工程量偏差引起的合同价款调整原则，“实际工程量比预计工程量增加的部分”理解为“实际工程量比（原工程量×1.15）增加部分的工程量”，应按照下列公式调整结算分部分项工程费：

当 $Q_1<0$，$85Q_0$ 时：$S=Q_1\times P_1$

当 $Q_1>1$，$15Q_0$ 时：$S=1.15Q_0\times P_0+(Q_1-1.15Q_0)\times P_1$

其中，式中：

S——调整后的某一分部分项工程费结算价；

Q_1——最终完成的工程量；

Q_0——招标工程量清单中列出的工程量；

P_1——按照最终完成工程量重新调整后的综合单价；

P_0——承包人在工程量清单中填报的综合单价。

采用上述两式的关键是确定新的综合单价，即 P_1 确定的方法，一是发承包双方协商确定，二是与招标控制价相联系，当工程量偏差项目出现承包人在工程量清单中填报的综合单价与发包人招标控制价相应清单项目的综合单价偏差超过 15%，工程量偏差项目综合单价的调整可参照下式：

当 $P_0 < P_2 \times (1-L) \times (1-15\%)$ 时，该类项目的综合单价：

P_1 按照 $P_2 \times (1-L) \times (1-15\%)$ 调整。

当 $P_0 > P_2 \times (1+15\%)$ 时，该类项目的综合单价：

P_1 按照 $P_2 \times (1+15\%)$ 调整。

式中：P_0——承包人在工程量清单中填报的综合单价；

P_2——发包人招标控制价相应项目的综合单价；

L——承包人的报价浮动率。

当 $P_0 > P_2 \times (1-L) \times (1-15\%)$ 或 $P_0 < P_2 \times (1+15\%)$ 时，可不调整。

【案例 4-3】某大学宿舍楼项目的投标文件中，某分部分项工程的工程量 15200m^3、投标报价综合单价 406 元/m^3、招标控制价综合单价 350 元/m^3。在施工中。施工过程中承包方发现该项目存在漏项，经监理工程师和业主确认，其工程量偏差为 3040m^3。请问该项目的合同结算价款为多少？

【解析】根据题目可知实际工程量为 15200＋3040＝18240m^3。

由 406÷340＝1.16 可知偏差为 16%＞15%。

由于 406＞402.5，则根据 2013 版《规范》中对工程量偏差引起的合同价款调整原则，该项目调整后的综合单价为 350×（1＋15%）＝402.5 元/m^3。

调整后分部分项工程费：

$$S = 1.15Q_0 \times P_0 + (Q_1 - 1.15Q_0) \times P_1$$

$$= 15200 \times 406 \times 1.15 + (18240 - 15200 \times 1.15) \times 402.5$$

$$= 7402780 \text{ 元}$$

则该项目的合同结算价款为 7402780 元。

3）措施项目费的调整

① 安全文明施工费的调整

2013 版《规范》规定措施项目中的安全文明施工费必须按国家或省级、行业建设主管部门的规定计算，不得作为竞争性费用。

《建筑工程安全防护、文明施工措施费用及使用管理规定》（建办［2005］89 号）规定了安全文明施工费应当依据工程所在地工程造价管理机构测定的相应费率，合理确定工程安全防护、文明施工措施费。

安全文明施工费的计取基数各地相异，一般以直接工程费、分部分项工程费、直接费等作为计取基数。即，安全文明施工费＝计取基数（直接工程费、分部分项工程费或直接费）×费率。因此，发承包双方应在合同中约定当工程量变化导致计取基数（如分部分项工程费）的增加或者减少超过一定幅度（比如 15%）时，安全文明施工费按照计取基数增加或者减少的比例进行据实调整。

② 按单价计算的措施项目费的调整

工程量偏差引起按单价计算的措施项目发生变化的，其调整方法与工程量偏差引起综合单价调整的原则一致。

【案例 4-4】某新建商场大楼采用公开招标，招标控制价为 7800 万元，某承包单位以 7750 万元中标。工程量清单中 C30 混凝土框架梁的清单工程量为 12000m³，措施项目中 C30 混凝土框架梁的梁模模板及支架综合单价为 43 元/m³。施工过程中发现，承包商依据施工图纸测算出 C30 混凝土框架梁实际工程量为 8000m³，承包商进一步测算出 C30 混凝土框架梁的梁模模板及支架工程量减少 30%。经设计单位与业主核实，工程量偏差原因属于业主计算错误。最终，双方依照 2013 版《规范》中的规定，对 C30 混凝土框架梁的梁模模板及支架的综合单价调减，经双方商定综合单价降低 5%，最终确定为 41 元/m³。

③ 按总价或系数计算的措施项目费的调整

2013 版《规范》中未明确工程量偏差引起措施费调整的公式，结合 2013 版《规范》中的工程量偏差调整幅度，可提出新的措施费调整计算公式：

当 $S_1>1.15S_0$时，由承包人按本条款在递交竣工结算文件时，参照下述公式向发包人提出，由发、承包双方人员核实确认后执行。

$$M_1 = M_0 \times (S_1/S_0 - 0.15)$$

当 $S_1<0.85S_0$时，由发包人按本规定核实竣工结算文件时按下述公式向承包人提出，经发包人承包人确认后执行。

$$M_1 = M_0 \times (S_1/S_0 + 0.15)$$

上式中：S_1——最终完成的分部分项工程项目费；

S_0——承包人报价文件的分部分项工程项目费；

M_1——调整后的结算措施项目费；

M_0——承包人在工程量清单中填报的措施项目费。

【案例 4-5】某一项目的装修分项分部工程，由于投标时工程量清单中的工程量与实际完成的工程量存在偏差，导致了墙柱面工程项目费从 616297.69 元增加为 756981.26 元，原墙柱面分部分项工程的措施费为 27972.92 元。因 756981.26>616297.69×1.15=708742.34，故调整后的措施项目费：

$$M_1 = M_0 \times (S_1/S_0 - 0.15) = 27972.92 \times (756981.26/616297.69 - 0.15)$$
$$= 30162.42 \text{ 元}$$

此项目合同结算时的措施费 30162.42 元，调增了 2189.5 元。

6. 计日工

（1）计日工的概念

2013 版《规范》第 2.0.20 条规定：计日工是在施工过程中，承包人完成发包人提出的工程合同范围以外的零星项目或工作，按合同中约定的单价计价的一种方式。

计日工是为了解决现场发生的零星工作的计价而设立的。国际上常见的标准合同条款中，大多数都设立了计日工计价机制。计日工以完成零星工作所消耗的人工工时、材料数量、机械台班进行计量，并按照计日工表中填报的适用项目的单价进行计价支付。计日工适用的所谓零星工作一般是指合同约定之外的或者因变更而产生的、工程量清单中没有相应项目的额外工作，尤其是那些时间紧迫不允许事先商定价格的额外工作。计日工为额外工作和变更的计价提供了一个方便快捷的途径。

计日工与现场签证的区分为：在实际操作时，有计日工单价的，可归并于计日工，如无计日工单价，归并于现场签证，以示区别。当然现场签证全部汇总于计日工也是一种可行的处理方式。

(2) 计日工的调整

1）招标控制价中计日工的计价原则

① 招标控制价中综合单价的确定

在编制招标控制价时，计日工的“项目名称”、“计量单位”、“暂估数量”由招标人填写；对计日工中的人工单价和施工机械台班单价应按省级、行业建设主管部门或其授权的工程造价管理机构公布的单价计算；材料应按工程造价管理机构发布的工程造价信息中的材料单价计算，工程造价信息未发布材料单价的材料，其价格应按市场调查确定的单价计算。

② 招标控制价中计日工暂定数量的确定

计日工数量确定的主要影响因素有：工程的复杂程度、工程设计质量及设计深度等。一般而言，工程较复杂、设计质量较低、设计深度不够（如招标时未完成施工图设计），则计日工所包括的人工、材料、施工机械等暂定数量应较多，反之则少。

计日工暂定数量的确定方法主要有两种：第一种是经验法，即通过委托专业咨询机构，凭借其专业技术能力与相关数据资料预估计日工的人工、材料、施工机械等使用数量。第二种是百分比法，即首先对分部分项工程的人、材、机进行分析，得出其相应的消耗量；其次，以人、材、机消耗量为基准按一定百分比取定计日工人工、材料与施工机械的暂定数量。如一般工程的计日工人工暂定数量可取分部分项人工消耗总量的1%；材料消耗主要是辅助材料的消耗，按不同专业人工（人工）消耗材料类别列项，按人工日消耗量计算材料暂定数量；施工机械的列项和计量，除考虑人工因素外，还要考虑各种机械消耗的种类，可按分部分项工程各种施工机械消耗量的1%取值。最后，按照招标工程的实际情况，对上述百分比取值进行一定的调整。

2）投标报价中计日工的计价原则

依据2013版《规范》第6.2.5（4）条规定：计日工应按招标工程量清单中列出的项目和数量，自主确定综合单价并计算计日工金额。

编制投标报价时，计日工中的人工、材料、机械台班单价由投标人自主确定，按已给暂估数量计算合价计入投标总价中。如果是单纯报计日工单价，而且不计入总价中，可以报高些，以便在招标人额外用工或使用施工机械时可多盈利。但如果计日工单价要计入总报价时，则需具体分析是否报高价，以免抬高总报价。总之，要分析招标人在开工后可能使用的计日工数量，再来确定报价方针。

3）结算阶段计日工的计价原则

① 依据《标准施工招标文件》（九部委令第56号）的相关规定：

依据第15.7.1条：发包人认为有必要时，由监理人通知承包人以计日工方式实施变更的零星工作。其价款按列入已标价工程量清单中的计日工计价子目及其单价进行计算。

依据第15.7.2条：采用计日工计价的任何一项变更工作，应从暂列金额中支付，承包人应在该项变更的实施过程中，每天提交以下报表和有关凭证报送监理人审批：

A. 工作名称、内容和数量；

B. 投入该工作所有人员的姓名、工种、级别和耗用工时；投入该工作的施工设备型号、台数和耗用台时；

C. 投入该工作的材料类别和数量；

D. 投入该工作的施工设备型号、台数和耗用台时；

E. 监理人要求提交的其他资料和凭证。

依据第 15.7.3 条：计日工由承包人汇总后，按第 17.3.2 项的约定列入进度付款申请单，由监理人复核并经发包人同意后列入进度付款。

② 依据 FIDIC 施工合同条件的相关规定

对于数量少或偶然进行的零散工作，工程师可以指示规定在计日工的基础上实施任何变更。对于此类工作应按合同中包括的计日工报表中的规定进行估价，并采用下述程序。如果合同中没有计日工报表，则本款不适用。

在订购工程所需货物时，承包商应向工程师提交报价。当申请支付时，承包商应提交此货物的发票、凭证以及账单或收据。

除了计日工报表中规定的不进行支付的任何项目以外，承包商应每日向工程师提交包括下列在实施前一日工作时使用的资源的详细情况在内的准确报表，一式两份：

A. 承包商的人员的姓名、工种和工时；

B. 承包商的设备和临时工程的种类、型号以及工时，以及使用的永久设备和材料的数量和型号。

如内容正确或经同意时，监理工程师将在每种报表的一份上签字并退还给承包商。在将它们纳入依据第 14.3 款【申请期中支付证书】提交的报表中之前，承包商应向监理工程师提交一份以上各资源的价格报表。

③ 依据 2013 版《规范》的相关规定：

依据第 9.7.2 条：采用计日工计价的任何一项变更工作，在该项变更的实施过程中，承包人应按合同约定提交下列报表和有关凭证送发包人复核：

A. 工作名称、内容和数量；

B. 投入该工作所有人员的姓名、工种、级别和耗用工时；

C. 投入该工作的材料名称、类别和数量；

D. 投入该工作的施工设备型号、台数和耗用台时；

E. 发包人要求提交的其他资料和凭证。

依据第 9.7.3 条：任一计日工项目持续进行时，承包人应在该项工作实施结束后的 24 小时内向发包人提交有计日工记录汇总的现场签证报告一式三份。发包人在收到承包人提交现场签证报告后的 2 天内予以确认并将其中一份返还给承包人，作为计日工计价和支付的依据。发包人逾期未确认也未提出修改意见的，应视为承包人提交的现场签证报告已被发包人认可。（计日工生效计价的原则）

依据第 9.7.4 条：任一计日工项目实施结束后，承包人应按照确认的计日工现场签证报告核实该类项目的工程数量，并应根据核实的工程数量和承包人已标价工程量清单中的计日工单价计算，提出应付价款；已标价工程量清单中没有该类计日工单价的，由发承包双方按本规范第 9.3 节的规定商定计日工单价计算。

依据第 9.7.5 条：每个支付期末，承包人应按照本规范第 10.3 节的规定向发包人提交本期间所有计日工记录的签证汇总表，并应说明本期间自己认为有权得到的计日工金额，调整合同价款，列入进度款支付。

计日工计价的程序见图 4-5。

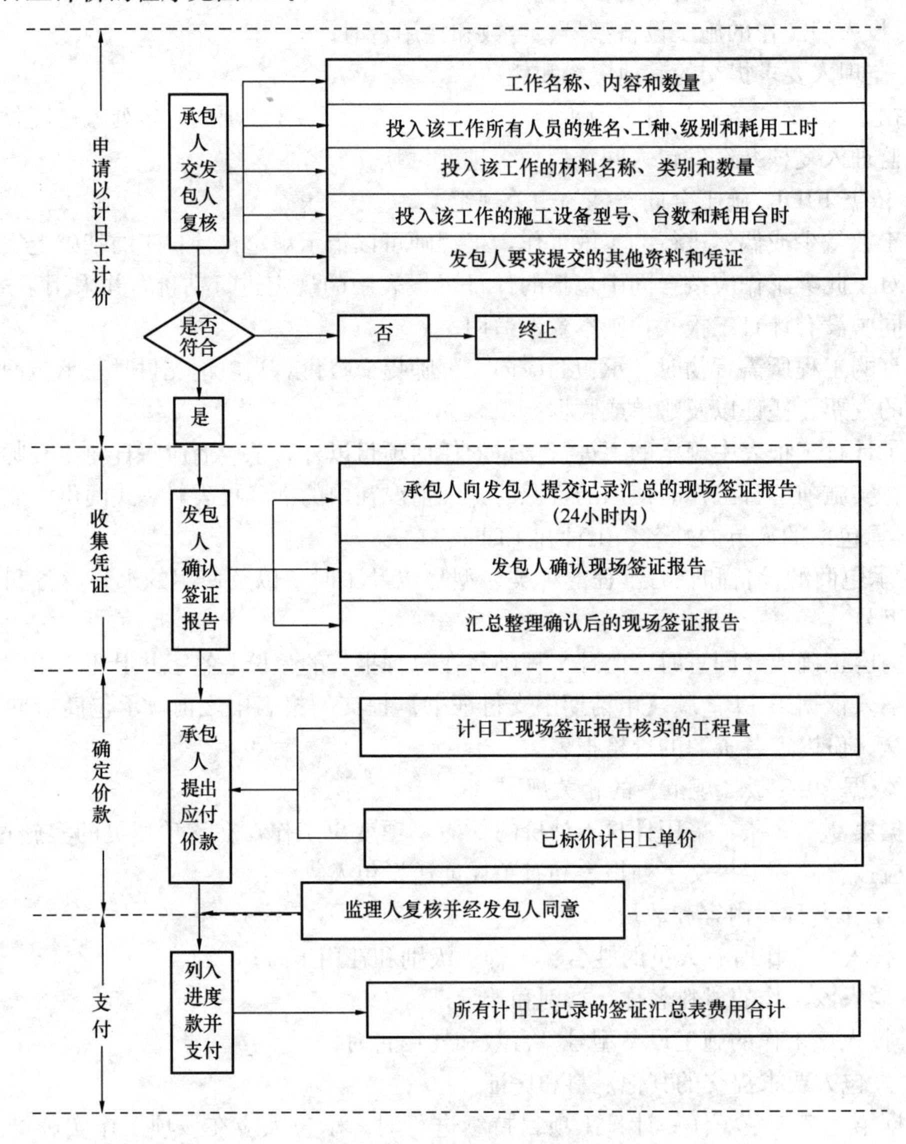

图 4-5　计日工计价程序

7. 物价变化

(1) 物价变化的概念

物价变化引起的合同价款调整可以看作是发承包双方的一种博弈。发包人通常倾向于不调价，因为允许调价增大了发包人可能承担的风险，增加了不确定性，而承包人则希望调价，以保障自身利益不受损害，甚至在物价波动引起的合同价款调整中实现盈利。这时，发承包双方就进入了一种僵持状态，博弈加剧，为打破僵局，需要寻找一个双方都可以接受的均衡点。

在实际工程中，当物价波动超过一定范围时，如果发包人不允许调价，个别承包人为使自身利益不受损害，就会采取偷工减料或非法分包甚至非法转包等手段，给工程建设带来隐患，极大地损害了发包人的利益。因此，为弥补由于物价波动造成承包人的利益损失，保证建设工程的质量和安全，可进行合理调价，这也可视为对承包人的一种激励措施。

各省市关于物价变化（波动）引起的价款调整相关文件规定见表4-7。

我国部分省市关于物价变化（波动）引起价款调整的规定　　表4-7

省市	年份	文件名称	具体规定
郑州	2000	《关于处理工程主要材料价格结算若干问题的意见》（郑建价办字［2000］08号）	凡确定采取固定价格结算方式的工程，建筑材料价格的调整（包括主材价和铺材价）一律不再调整
苏州	2008	《关于试行〈政府公共工程合同价款调整统一范本〉的通知》（苏建价［2008］18号）	当材料价格上涨或下降在5%（含）以内时，其差价由承包人承担或受益，当上涨或下降幅度超出5%时，其超出部分的差价由发包人承担或受益；差价计算方法按下一款执行
包头	2008	《关于调整定额人工费和材料价格有关事项的通知》	材料价格波动幅度超过原报价格15%的部分，应予调差，调差材料品种由工程建设甲乙双方根据工程具体情况确定
山东	2008	《关于加强工程建设材料价格风险控制的意见》（鲁建标字［2008］27号）	主要材料价格发生波动时，波动幅度在±5%以内（含5%）的，其价差由承包人承担或受益；波动幅度超出±5%的，其超出部分的价差由发包人承担或受益
黑龙江	2008	《关于发布2008年建筑安装等工程结算办法的通知》（黑建造价［2008］9号）	合同价款方式为固定价格的，其人工、材料价格涨落超过合同基准期价格10%的部分应当予以调整
吉林	2008	《关于发布建设工程材料价格指导意见的通知》	主要材料以工程中标价为基数，价差在10%以内时不调整，在10%以上时进行调整
云南	2008	《关于进一步规范建设工程材料价格波动风险条款约定及工程合同价款调整等事宜的通知》（云建标［2008］201号）	包干范围以内的主要材料（含设备）单价发生上涨或下降的情况，其幅度在±10%以内（含10%）的，其价差由承包人承担或受益；幅度在±10%以外的，其超过部分的价差由发包人承担或受益
河北	2008	《河北省建设工程材料价格编制及动态管理办法》	合同约定幅度以内部分的由承包人承担，合同约定外部分由发包人承担
成都	2008	《关于进一步规范成都市建设工程价格风险分摊的通知》（成建价［2008］2号）	可调主要材料的风险幅度值在0～5%以内取定。招标人可针对工程的具体情况将附件所列材料之外的某一种或几种材料列为可调材料，并在5%以内约定风险幅度值
宁波	2008	《关于调整工程主要材料结算价格加强建设工程材料价格风险控制的指导意见》（甬发改投资［2008］399号）	主要材料上涨或下降幅度在10%以内（含10%）的，其价差由承包人承担或受益；在10%以上的，其超出部分的价差由发包人承担或受益
云浮	2008	《关于我市建设工程人工、材料价格异常波动时调整工程造价的补充意见》（云建价［2008］4号）	人工涨幅大于5%，材料涨幅大于10%时，应该调整
长沙	2007	《关于调整部分主要材料预算价格、市场价格的通知》（长建价［2007］10号）	单位在工程价款调整和工程结算时单项主要材料价格变化幅度超过±8%时，双方应重新协商确定结算单价。投标人在投标书中承诺的优惠率仍按约定执行

通过对以上各省市造价文件的整理与归纳得出，各省市建设主管部门出台的相关造价文件主要是针对建设项目由于材料市场价格变化引起的价款调整所应调整幅度的范围。由于各省市的实际情况不同，根据实际工程特点，针对材料价格的调整幅度也不相同。通过比较分析可得：部分省市认为当主要材料的价格波动幅度超过5%时，价款应该调整；另一部分省市认为当主要材料的价格波动幅度超过10%时，价款应该调整；还有部分省市对主要材料的价格波动幅度规定为8%、15%等。在实际工程中，承发包双方可参考各省市出台的造价文件规定的材料价格调整幅度，约定合同条款中关于主要材料价格调整幅度的内容，同时本书将引入风险分担的原则来确定主要材料价格波动时合同价款调整幅度的范围，作为承发包双方约定条款内容的依据。

（2）物价变化的调整方法

依据2013版《规范》中第9.8.2条：承包人采购材料和工程设备的，应在合同中约定主要材料、工程设备价格变化的范围或幅度，当没有约定，且材料、工程设备单价变化超过5%时，超过部分的价格应按照本规范附录A的方法计算调整材料、工程设备费。

此外，实际价格调整法（国际惯例中也称为“票据法”）在工程价款调整中也普遍使用。

1）价格指数调整价格差额

① 适用范围：

使用的材料品种较少，但每种材料使用量较大的土木工程，如公路、水坝等。

② 调整公式：

$$\Delta P = P_0\left[A + \left(B_1 \times \frac{F_{t1}}{F_{01}} + B_2 \times \frac{F_{t2}}{F_{02}} + B_3 \times \frac{F_{t3}}{F_{03}} + \cdots + B_n \times \frac{F_{p1}}{F_{0n}}\right) - 1\right]$$

式中：ΔP——需调整的价格差额；

P_0——约定的付款证书中承包人得到的已完成工程量的金额；

A——定值权重；

B_1、B_2、$B_3 \cdots B_n$——各可调因子的变值权重；

F_{t1}、F_{t2}、$F_{t3} \cdots F_{tn}$——各可调因子的现行价格指数；

F_{01}、F_{02}、$F_{03} \cdots F_{0n}$——各可调因子的基本价格指数。

采用价格指数调整有两个前提：一是在投标函附录中存在指数和权重表；二是合同规定当发生物价波动时可进行价款的调整。

需要注意的是：以上价格调整公式中的各可调因子、定值和变值权重，以及基本价格指数及其来源在投标函附录价格指数和权重表中约定。价格指数应首先采用有关部门提供的价格指数，缺乏上述价格指数时，可采用有关部门提供的价格代替。

2）造价信息调整价格差额

① 适用范围

施工中消耗工程材料品种较多、用量较小的项目。

② 法律法规中关于造价信息调整差额的规定（表4-8）

由上表对比可知，在合同中应明确调整材料价格依据的造价文件，以及要发生费用调整所达到的价格波动幅度。对需要进行调整的材料，承发包双方应根据产品质量、市场行情、当地造价管理机构发布的价格信息综合考虑其单价。

③ 人工费调整的依据

人工单价发生变化且符合 2013 版《规范》第 3.4.2 条第 2 项规定的条件时，发承包双方应按省级或行业建设主管部门或其授权的工程造价管理机构发布的人工成本文件调整合同价款。

造价信息调整相关法规　　**表 4-8**

九部委 56 号令		2013 版《规范》	
条款	条文规定	条款	条文规定
16.1.2	因非承包人原因引起的工程量增减，该项工程量变化在合同约定幅度以内的，应执行原有的综合单价；该项工程量变化在合同约定幅度以外的，其综合单价及措施项目费应予以调整	附录 A.2.1	施工期内，因人工、材料、工程设备和机械台班价格波动影响合同价格时，人工、机械使用费按照国家或省、自治区、直辖市建设行政管理部门、行业建设管理部门或其授权的工程造价管理机构发布的人工成本信息、机械台班单价或机械使用费系数进行调整；需要进行价格调整的材料，其单价和采购数应由发包人复核，发包人确认需调整的材料单价及数量，作为调整合同价款差额的依据

依据第 3.4.2 条的规定，下列影响合同价款的因素出现，影响合同价款调整的，应由发包人承担：

A. 国家法律、法规、规章和政策发生变化；

B. 省级或行业建设主管部门发布的人工费调整，但承包人对人工费或人工单价的报价高于发布的除外；

C. 由政府定价或政府指导价管理的原材料等价格进行了调整的。

从上述规定中可以看出人工费调整的原则是：不利于承包人的原则。

a. 承包人人工费报价＜新人工成本信息。调整方法：

调价差＝新人工成本信息－旧人工成本信息

b. 承包人人工费报价＞新人工成本信息。不予调整。

人工费调整的主要依据：工程所在地的造价管理机构定期发布的造价文件（图 4-6）。

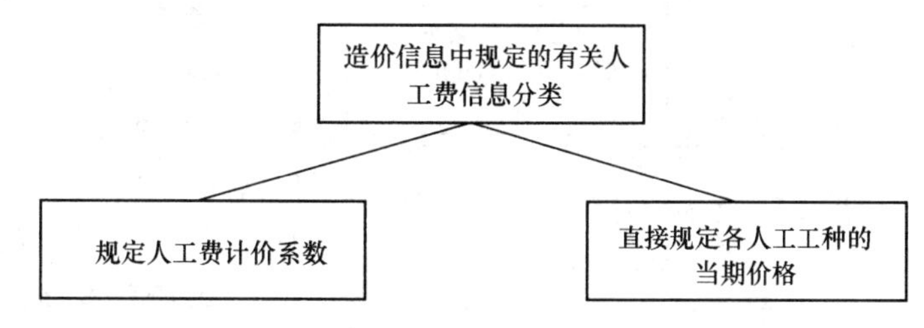

图 4-6　人工费信息分类

当造价机构发布了人工费调整的计价系数后，按合同约定人工费要按照造价信息进行调整的，承发包双方应对原投标报价中的人工单价×计价系数＝新的人工单价。当确定了新的人工单价后，通常可采用两种方法调整工程价款：

第一种方法：如果合同中有规定的可按照用新的人工单价－原报价中的人工单价，从而确定人工单价价差，再用价差×人工消耗量，依此来进行工程价款的调整。

第二种方法：如果合同中规定有调价公式的，也可按照调价公式进行总价价差的调整。

当造价机构发布了各工种新的人工单价时，按合同约定人工单价要按照造价文件的规定进行调整。

可直接用新的人工单价－原报价中的人工单价＝人工费价差，然后人工费价差×人工消耗量=人工费调整差额。依此来进行工程价款的调整。

【案例 4-6】某省某工程总合同额 1700 万元，因为发包人原因造成推迟开工，投标时投标人人工费报价为 18.22 元/工日，当时该省人工费定额是 25 元/工日，项目开工时该省建设管理部门公布的人工费价格是 36 元/工日，双方同意对人工费进行调价，承包人认为人工费调整价格为：(36－18.22) 元/工日，发包人方认为人工费调整价格为 (36－25) 元/工日，双方对人工费调整的具体额度产生纠纷。

【解析】首先明确人工费应该调整。因为项目开工时该省建设管理部门公布的人工费价格发生调整。此部分的调整费用由发包人承担。

投标报价时人工费定额是 25 元/工日，承包人投标是 18.22 元/工日，人工费存在价差，那么就是说承包人愿意承担这部分人工费价差的风险，承担的人工费风险价格为 (25－18.22) =6.78 元/工日。项目开工时，承包人应继续承担那部分人工费的风险，不能因人工费的上涨而改变，因此承包人还应承担人工费上涨 6.78 元/工日的风险。项目开工时该省建设管理部门公布的人工费价格是 36 元/工日，因此承包人应承担 (25－18.22) =6.78 元/工日人工费上涨的风险，而发包人应承担 (36－25) =11 元/工日人工费上涨的风险。所以人工费应按照发包人的意见进行调整。

④ 材料费的调整

材料调整原则为不利于承包人的原则。2013 版《规范》附录 A.2 造价信息调整价格差额中规定：

A. 当承包人投标报价中材料单价低于基准单价：

施工期间材料单价涨幅以基准单价为基础超过合同约定的风险幅度值时，或材料单价跌幅以投标报价为基础超过合同约定的风险幅度值时，其超过部分按实调整。详细见图 4-7。

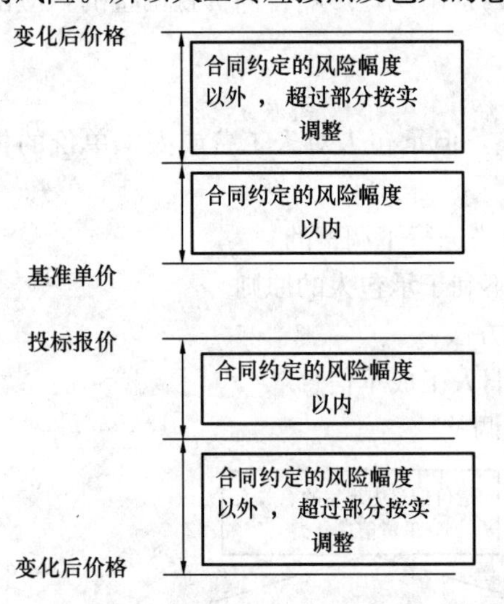

图 4-7　投标报价高于基准报价时的价格调整

【案例 4-7】某工程合同中约定承包人承担 5% 的某钢材价格风险。其预算用量为 150t，承包人投标报价为 2800 元/t，同时期行业部门发布的钢材价格单价为 2850 元/t。结算时该钢材价格涨至 3100 元/t。请计算该钢材的结算价款。

【解析】本题中基准价格大于承包人投标报价，当钢材价格在 2850 元及 2992.5 元之间波动时，钢材价格不调整，一旦高于 2992.5 元，超过部分据实调整：

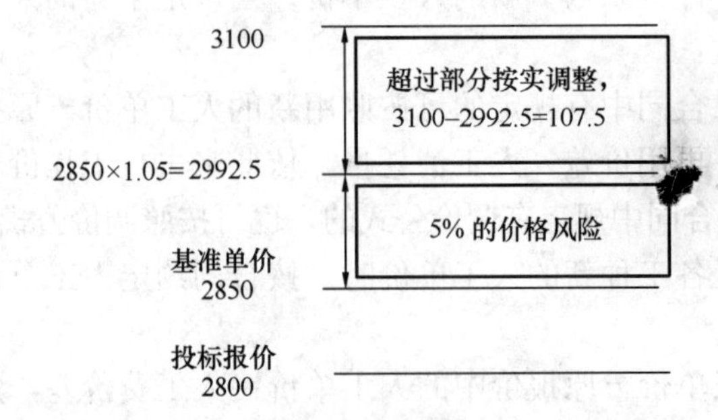

结算时钢材价格为 2800＋(3100－2992.5)＝2907.5 元/t，该钢材的最终结算价款为 2907.5×150＝436125 元。

B. 当承包人投标报价中材料单价高于基准单价：施工期间材料单价跌幅以基准单价为基础超过合同约定的风险幅度值时，材料单价涨幅以投标报价为基础超过合同约定的风险幅度值时，其超过部分按实调整。详细见图 4-8。

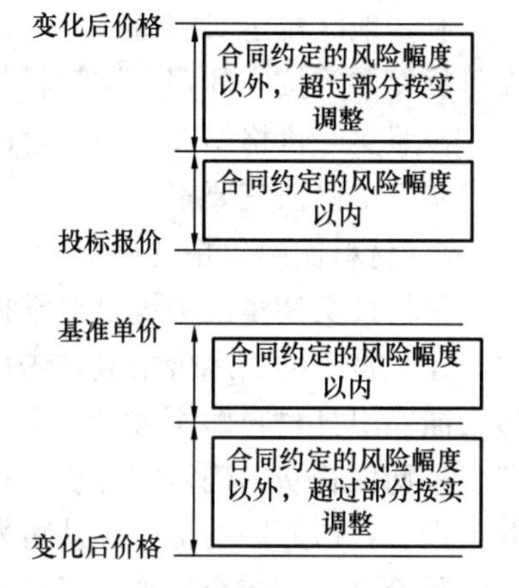

图 4-8 投标报价高于基准单价时的价格调整

【案例 4-8】工程合同中约定承包人承担 5%的某钢材价格风险。其预算用量为 150t，承包人投标报价为 2850 元/t，同时期行业部门发布的钢材价格单价为 2800 元/t。结算时该钢材价格跌至 2600 元/t。请计算该钢材的结算价款。

【解析】本题中投标报价大于基准价格，当钢材价格在 2660～2800 元/t 之间波动时，钢材价格不调整，一旦低于 2660 元/t，超过部分据实调整：结算时钢材价格为 2850＋(2600－2660)＝2790 元/t，该钢材的最终结算价款为 2800×150＝418500 元。

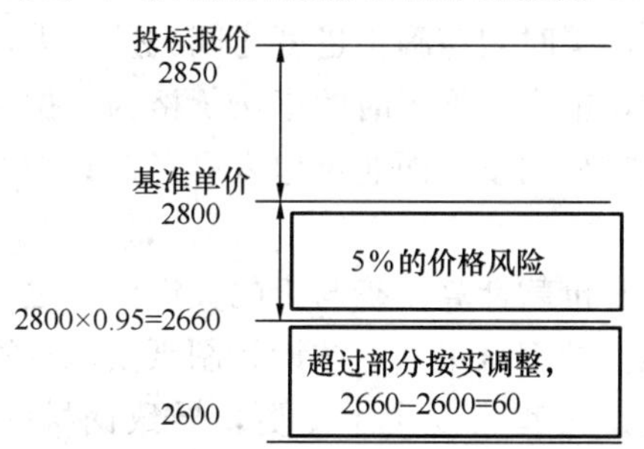

C. 当承包人投标报价中材料单价等于基准单价：施工期间材料单价涨、跌幅以基准单价为基础超过合同约定的风险幅度值时，其超过部分按实调整。详细见图 4-9。

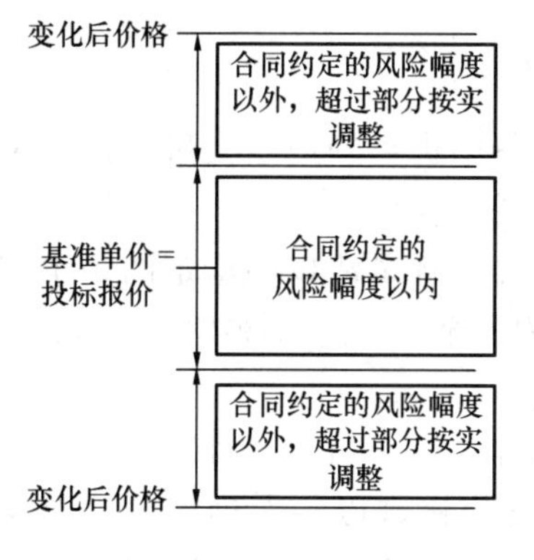

图 4-9 投标报价等于基准单价时的价格调整

【案例 4-9】工程合同中约定承包人承担 5%的某钢材价格风险。其预算用量为 150t，承包人投标报价为 2800 元/t，同时期行业部门发布的钢材价格单价为 2800 元/t。结算时该钢材价格跌至 2600 元/t。请计算该钢材的结算价款。

【解析】本题中投标报价等于基准价格，当钢材价格在 2650～2800 元/t 之间波动时，钢材价格不调整，一旦低于 2660 元/t，超过部分据实调整：结算时钢材价格为 2800＋(2600－2660)＝2740 元/t，该钢材的最终结算价款为 2740×150＝411000 元。

承包人应在采购材料前将采购数量和新的材料单价报发包人核对，确认用于本合同工程时，发包人应确认采购材料的数量和单价。发包人在收到承包人报送的确认资料后 3 个工作日不予答复的视为已经认可，作为调整合同价款的依据。如果承包人未报经发包人核对即自行采购材料，再报发包人确认调整合同价款的，如发包人不同意，则不作调整。

材料调整关键点：采购前申报。

有些地区规定对钢材、木材、水泥三大材料的价格采取按实际价格结算的方法，承包人可凭发票等按实际费用调整材料价格。

按照实际价格结算，施工合同一般规定承包人在采购前要先经发包人核价。

实际价格法三要素：

A. 材料实际价格的确定

材料按实调整的关键是要掌握市场行情，把所定的实际价格控制在市场平均价格范围内。建筑材料的实际价格应首先用同时期的材料指导价或信息价为标准进行衡量。如果承包人能够出具材料购买发票，且经核实材料发票是真实的，则按照发票价格，考虑运杂费、采购保管费，确定实际价。但如果发票价格与同质量的同种材料的指导价相差悬殊，并且没有特殊原因的话，不认可发票价，因为这种发票不具有真实性。因此，确定建筑材料实际价格，应综合参考市场标准与购买实际等多种因素测定，以保证材料成本计算的准确与合理。

B. 材料购买时间的确定

材料的购买时间应与工程施工进度基本吻合，即按施工进度要求，确定与之相适应的市场价格标准，但如果材料购买时间与施工进度之间偏差太大，导致材料购买的真实价格与施工时的市场价格不一致，也应按施工时的市场价格为依据进行计算。其计算所用的材料量为工程进度实际所需的材料用量，而非承包人已经购买的所有材料量。

C. 材料消耗量的确定

影响实际价格法进行调整价款计算正确与否的关键因素之一是材料的消耗量，该消耗量理论上应以预算用量为准。如钢材用量应按设计图纸要求计算重量，通过套用相应定额求得总耗用量。而当工程施工过程中发生了变更，导致钢材的实际用量比当初预算量多时，该材料的消耗量应为发生在价格调整有效期间内的钢材使用量，其计算应以新增工程所需的实际用钢量来计算。竣工结算时亦应依最终的设计图纸来调整。

8. 暂估价

(1) 暂估价的定义

2013版《规范》中规定：暂估价为招标人在工程量清单中提供的用于支付必然发生但暂时不能确定价格的材料、工程设备的单价以及专业工程的金额。

2007版《标准施工招标文件》规定：暂估价指发包人在工程量清单中给定的用于支付必然发生但暂时不能确定价格的材料、设备以及专业工程的金额。这与2013版《规范》中的规定相对应。

暂估价是2007版《标准施工招标文件》中的新增术语。工程中一些材料、设备，因技术复杂或不能确定详细规格或不能确定具体要求，其价格难以一次确定。因而在投标阶段，投标人往往在该部分使用不平衡报价，调低价格而低价中标，损害发包人的利益。所以，在招标阶段使用暂估价，可以避免投标人通过不平衡报价而低价中标，使其在同等水平上进行比价，更能反映出投标人的实际报价，使确定的中标造价更加科学合理。

(2) 暂估价的要点解析

1）是否适用暂估价及适用暂估价的材料、工程设备或专业工程的范围以及所给定的暂估价的金额，决定权完全在发包人；

2）发包人在工程量清单中对材料、工程设备或专业工程给定暂估价的，该暂估价构成签约合同价的组成部分；

3）在签订合同之后的合同履行过程中，发包人与承包人还需按照合同中所约定的程序和方式确定适用暂估价的材料、工程设备和专业工程的实际价格，并根据实际价格和暂估价之间的差额（含与差额相对应的税金等其他费用）来确定和调整合同价格。

（3）暂估价的适用情况

1）设计图纸和招标文件未明确材料品牌、规格及型号；

2）同等质量、规格及型号，由于档次参差不齐，市场价格相对较为悬殊；

3）某些专业工程需要进一步二次设计才能计算价格；

4）某些项目由于时间仓促，设计不到位，无法确定价格。

（4）暂估价项目界定

1）材料暂估价的界定

① 材料价款有较大调整

A. 材料用量大。例如：钢筋、混凝土等；

B. 材料价格波动较大。例如：钢筋、混凝土等；

C. 材料品种多、档次参差不齐、价格差异较大。例如：石材、地砖、玻璃等；

D. 材料不能确定详细规格和具体要求。例如：石材、地砖、玻璃等。

② 材料性质有特殊要求

A. 材料用于工程关键部位、质量要求严格。例如：钢筋、混凝土、防水材料、保温材料等；

B. 材料规格型号、质量标准及样式颜色等有特殊要求。例如：钢材、防水材料、面层材料等。

2）工程设备暂估价的界定

① 设计文件和招标文件不能明确规定价格、型号和质量的工程设备，价款会有较大调整。例如：电梯设备等；

② 同等质量、规格及型号，但市场价格悬殊、档次参差不齐的工程设备，价款会有较大调整。

3）专业工程暂估价的界定

① 在施工招标阶段，施工图纸尚不完善，需要由专业单位对原图纸进行二次深化设计后，才能确定其规格、型号和价格的成套设备或分包工程；

② 某些总承包单位无法自行完成，需通过分包的方式委托专业公司完成的分包工程。例如：桩基工程、电梯安装、门窗工程、精装修工程、消防工程、园林景观工程等。主要是指专业性较强的分包工程。

（5）暂估价的计价原则

1）招标控制价中暂估价的计价原则

依据2013版《规范》第4.4.3条：暂估价中的材料、工程设备暂估单价应根据工程造价信息或参照市场价格估算，列出明细表；专业工程暂估价应分不同专业，按有关计价规定估算，列出明细表。

依据第 5.2.5（2）条：暂估价中的材料、工程设备单价应按招标工程量清单中列出的单价计入综合单价。

依据第 5.2.5（3）条：暂估价中的专业工程金额应按招标工程量清单中列出的金额填写。

2）投标报价中暂估价的计价原则

依据 2013 版《规范》中第 6.2.5（2）条：材料、工程设备暂估价应按招标工程量清单中列出的单价计入综合单价。

依据第 6.2.5（3）条：专业工程暂估价应按招标工程量清单中列出的金额填写。

编制投标报价时，材料、工程设备暂估单价必须按照招标人提供的暂估单价计入分部分项工程费用中的综合单价；专业工程暂估价必须按照招标人提供的其他项目清单中列出的金额填写。为方便合同管理，需要纳入分部分项工程量清单项目综合单价中的暂估价应只是材料费。

3）竣工结算中暂估价的计价原则

① 材料、工程设备暂估价的计价原则

依据 2013 版《规范》中第 9.9.1 条规定：发包人在招标工程量清单中给定暂估价的材料、工程设备属于依法必须招标的，应由发承包双方以招标的方式选择供应商，确定价格，并应以此为依据取代暂估价，调整合同价款。

依据 2013 版《规范》中第 9.9.2 条：发包人在招标工程量清单中给定暂估价的材料、工程设备不属于依法必须招标的，应由承包人按照合同约定采购，经发包人确认单价后取代暂估价，调整合同价款。

依据 2007 版《标准施工招标文件》15.8.1 条规定：发包人在工程量清单中给定暂估价的材料、工程设备和专业工程属于依法必须招标的范围并达到规定的规模标准的，由发包人和承包人以招标的方式选择供应商或分包人。发包人和承包人的权利义务关系在专用合同条款中约定。中标金额与工程量清单中所列的暂估价的金额差以及相应的税金等其他费用列入合同价格。

依据 2007 版《标准施工招标文件》15.8.2 条规定：发包人在工程量清单中给定暂估价的材料和工程设备不属于依法必须招标的范围或未达到规定的规模标准的，应由承包人按第 5.1 款的约定提供。经监理人确认的材料、工程设备的价格与工程量清单中所列的暂估价的金额差以及相应的税金等其他费用列入合同价格。

② 专业暂估价的计价原则

依据 2013 版《规范》中第 9.9.3 条规定：发包人在工程量清单中给定暂估价的专业工程不属于依法必须招标的，应按照本规范第 9.3 节相应条款的规定确定专业工程价款。并应以此为依据取代专业工程暂估价，调整合同价款。

依据 2013 版《规范》中第 9.9.4 条规定：发包人在招标工程量清单中给定暂估价的专业工程，依法必须招标的，应当由发承包双方依法组织招标选择专业分包人，并接受有管辖权的建设工程招标投标管理机构的监督，还应符合下列要求：

A. 除合同另有约定外，承包人不参加投标的专业工程发包招标，应由承包人作为招标人，但拟定的招标文件、评标工作、评标结果应报送发包人批准。与组织招标工作有关的费用应当被认为已经包括在承包人的签约合同价（投标总报价）中。

B. 承包人参加投标的专业工程发包招标，应由发包人作为招标人，与组织招标工作有关的费用由发包人承担。同等条件下，应优先选择承包人中标。

C. 应以专业工程发包中标价为依据取代专业工程暂估价，调整合同价款。

③ 关于专业工程招标发包的相关规定

除合同另有约定外，承包人不参加投标的专业工程发包招标，应由承包人作为招标人，但拟定的招标文件、评标工作、评标结果应报送发包人批准。与组织招标工作有关的费用应当被认为已经包括在承包人的签约合同价（投标总报价）中。

承包人参加投标的专业工程发包招标，应由发包人作为招标人，与组织招标工作有关的费用由发包人承担。同等条件下，应优先选择承包人中标。

发包人将拟直接发包的专业工程，以专业工程暂估价的形式进行发布，在暂估价专业工程招标时将此部分工程进行指定发包、规避招标或变公开招标为邀请招标等行为可能与肢解发包的禁令相抵触。《中华人民共和国合同法》中规定，发包人不得将应当由一个承包人完成的建设工程肢解成若干部分发包给几个承包人；承包人不得将其承包的全部建设工程转包给第三人或者将其承包的全部建设工程肢解以后以分包的名义分别转包给第三人。

材料招标或其他采购方式以及工程暂估后到底要不要招标，取决于暂估价的材料、工程设备或专业工程是否属于依法必须招标的范围，这也决定了暂估价供应商的确定方式。

9. 不可抗力

(1) 不可抗力的概述

对于不可抗力的概念，下表中法律、法规和规定均提出了不可抗力事件必须同时满足以下四个共同点：一是不能预见；二是一旦发生不能避免；三是不能克服；四是客观事件。只有同时满足这四个条件，才能构成不可抗力的实质性概念，详见表 4-9。

各法规对不可抗力的定义和描述　　表 4-9

	合同法	新红皮书	建设工程施工合同（2013）	九部委 56 号令	2013 版《规范》
条款	117	19.1	17.1		
不可抗力	不能预见、不能避免并且不能克服的客观情况	满足全部下列条件的特殊事件或情况：(a) 一方无法控制的；(b) 该方在签订合同之前，不能对之进行合理准备的；(c) 发生后，该方不能合理避免或克服的；(d) 主要归因于他方的	不可抗力是指合同当事人在签订合同时不可预见，在合同履行过程中不可避免且不能克服的自然灾害和社会性突发事件，如地震、海啸、瘟疫、骚乱、戒严、暴动、战争和专用合同条款中约定的其他情形	承包人和发包人在订立合同时不可预见，在工程施工过程中不可避免发生并不能克服的自然灾害和社会性突发事件	发承包双方在工程合同签订时不能预见的，对其发生的后果不能避免，且不能克服的自然灾害和社会性突发事件

不可抗力的两个属性，一是自然性，一是社会性，见表 4-10。

不可抗力属性表　　表 4-10

	新红皮书	建设工程施工合同	九部委 56 号令
自然性	诸如地震、飓风、台风、火山爆发等自然灾害	地震、海啸、瘟疫	地震、海啸、水灾、瘟疫
社会性	包括但不限于：（1）战争、敌对行动（不论宣战与否）、入侵、外敌行为；（2）叛乱、恐怖主义、革命、暴动、军事政变或篡夺政权，或内战；（3）承包商人员和承包商及其分包商的其他雇员以外的人员的骚动、喧闹、混乱、罢工或停工；（4）战争军火、爆炸物资、电离辐射或放射性污染，但可能因承包商使用此类军火、炸药、辐射或放射性引起的除外	骚乱、戒严、暴动、战争和专用合同条款中约定的其他情形	骚乱、暴动、战争和专用合同条款约定的其他情形

不可抗力造成合同无法履行，致使合同解除的状况，需要对不可抗力进行评估。根据不可抗力的影响大小可以有四种评估可能。

1）如果不可抗力是导致合同不能履行的唯一原因，那么应该完全免责；

2）如果不可抗力是导致合同不能履行的主要原因，那么要评估不可抗力在合同不能履行当中的权重，进而评估可能承担的责任；

3）如果不可抗力只是合同不能履行的次要原因，则应评估解除合同的其他成本；

4）如果不可抗力对合同履行没有影响，则不应将其作为合同不能履行的原因进行评估。

（2）不可抗力引起的合同价款调整依据（表 4-11）

各法规对不可抗力引起合同价款调整依据汇总表　　表 4-11

相关法规合同	2008 版规范	2013 版《规范》	建设工程施工合同范本（2013）	九部委 56 号令
条款号	4.7.7	9.10.1	17.3	21.3.1
具体内容	（1）工程本身的损害、因工程损害导致第三方人员伤亡和财产损失以及运至施工场地用于施工的材料和待安装的设备的损害，由发包人承担； （2）发包人、承包人人员伤亡由其所在单位负责，并承担相应费用； （3）承包人的施工机械设备损坏及停工损失，由承包人承担； （4）停工期间，承包人应发包人要求留在施工场地的必要的管理人员及保卫人员的费用，由发包人承担； （5）工程所需清理、修复费用，由发包人承担	（1）合同工程本身的损害、因工程损害导致第三方人员伤亡和财产损失以及运至施工场地用于施工的材料和待安装的设备的损害，应由发包人承担； （2）发包人、承包人人员伤亡由其所在单位负责，并应承担相应费用； （3）承包人的施工机械设备损坏及停工损失，应由承包人承担； （4）停工期间，承包人应发包人要求留在施工场地的必要的管理人员及保卫人员的费用，应由发包人承担； （5）工程所需清理、修复费用，应由发包人承担	（1）永久工程、已运至施工现场的材料和工程设备的损坏，以及因工程损坏造成的第三人人员伤亡和财产损失由发包人承担； （2）承包人施工设备的损坏由承包人承担； （3）发包人和承包人承担各自人员伤亡和财产的损失； （4）因不可抗力影响承包人履行合同约定的义务，已经引起或将引起工期延误的，应当顺延工期，由此导致承包人停工的费用损失由发包人和承包人合理分担，停工期间必须支付的工人工资由发包人承担； （5）因不可抗力引起或将引起工期延误，发包人要求赶工的，由此增加的赶工费用由发包人承担； （6）承包人在停工期间按照发包人要求照管、清理和修复工程的费用由发包人承担	（1）永久工程，包括已运至施工场地的材料和工程设备的损害，以及因工程损害造成的第三者人员伤亡和财产损失由发包人承担； （2）承包人设备的损坏由承包人承担； （3）发包人和承包人各自承担其人员伤亡和其他财产损失及其相关费用； （4）承包人的停工损失由承包人承担，但停工期间应监理人要求照管工程和清理、修复工程的金额由发包人承担； （5）不能按期竣工的，应合理延长工期，承包人不需支付逾期竣工违约金。发包人要求赶工的，承包人应采取赶工措施，赶工费用由发包人承担

（3）不可抗力引起的合同价款调整原则：

2013 版《规范》的调整办法——具体承担原则，详见表 4-12。

不可抗力引起合同价款调整承担原则汇总表 **表 4-12**

法规名称	条款号	具体内容	承担者及承担责任范围	
			发包人	承包人
13 版新《规范》	9.10.1(1)	合同工程本身的损害、因工程损害导致第三方人员伤亡和财产损失以及运至施工场地用于施工的材料和待安装的设备的损害	由发包人承担	—
	9.10.1(2)	承包人、发包人人员伤亡	由伤亡人员所在单位负责	
	9.10.1(3)	承包人的施工机械设备损坏及停工损失	—	由承包人承担
	9.10.1(4)	停工期间，承包人应发包人要求留在施工场地的必要的管理人员及保卫人员的费用	由发包人承担	—
	9.10.1(5)	工程所需清理、修复费用	由发包人承担	

依据 2013 版《规范》第 9.10.2 条规定：不可抗力解除后复工的，若不能按期竣工，应合理延长工期。发包人要求赶工的，赶工费用应由发包人承担。

相对于 2008 版《规范》增加不可抗力事件产生的处理规定，增加了对于赶工费用承担问题的考虑。不可抗力产生赶工费用的规定与九部委 56 号令第 21.3.1 条（5）中规定基本保持一致。同时本条也是对第 9.11 条提前竣工（赶工补偿）规定的呼应。不可抗力解除后复工，应发包人要求的赶工费处理，亦可适用“9.11 提前竣工（赶工补偿）”中的 9.11.2 规定的发包人要求合同工程提前竣工的，发包人承担承包人由此增加的提前竣工（赶工补偿）费。

依据 2013 版《规范》第 9.10.3 条规定：因不可抗力解除合同的，应按本规范第 12.0.2 条规定办理。其中，12.0.2 条规定：由于不可抗力致使合同无法履行解除合同的，发包人应向承包人支付合同解除之日前已完成工程但尚未支付的合同价款，此外，还应支付下列金额：

① 本规范第 9.11.1 条规定的由发包人承担的费用；

② 已实施或部分实施的措施项目应付价款；

③ 承包人为合同工程合理订购且已交付的材料和工程设备货款；（说明：发包人一经支付此项货款，该材料和工程设备即成为发包人的财产）

④ 承包人撤离现场所需的合理费用，包括员工遣送费和临时工程拆除，施工设备运离现场的费用；

⑤ 承包人未完成合同工程而预期开支的任何合理费用，且该项费用未包括在本款其他各项支付之内。

此条相对于 2008 版《规范》增加因不可抗力解除合同的处理办法。对于不可抗力引起合同解除情形的价款结算规定，考虑到已实施或部分实施的措施项目、已合理订购的材料和设备货款、撤离现场的合理费用、为完成合同工程而预期开支的合理费用的承担原则。与《标准施工招标文件》中不可抗力导致合同解除的规定大部分一致。

我国合同法将不可抗力作为法定解除权的成立条件，在不可抗力致使合同目的无法实现时，允许当事人通过行使法定解除权的方式使合同归于消灭。

10. 提前竣工（赶工补偿）

（1）相关概念

提前竣工的概念：因发包人的需求，承发包双方商定对合同工程的进度计划进行压缩，使得合同工程的实际工期在少于原定合同工期（日历天数）内完成。

提前竣工主要有以下几种情况：

1）由于非承包商责任造成工期拖延，业主希望工程能按时交付，由业主（工程师）指令承包商采取加速措施；

2）工程未拖延，由于市场等原因，业主希望工程提前交，与承包商协商采取加速措施；

3）由于发生干扰事件，已经造成工期拖延，业主直接指令承包商加速施工，并且最终确定工期拖延是业主原因。

在此情形下，提前竣工与赶工补偿是连为一体的，若没有提前竣工的事实，则也不存在赶工补偿的问题。

赶工补偿的概念：因发包人提前竣工的需求，承包人采取相关措施实施赶工，对此，发包人需要向承包人支付的合同价款增加额。赶工补偿的性质是发包人对承包人提前竣工的一种补偿机制。

赶工费用主要包括：

1）人工费的增加。例如为了赶工可能新增加投入人工的报酬或者不经济使用人工增加的补贴费用等。

2）材料费的增加。例如可能为了赶工造成不经济使用材料致使材料损耗过大，材料提前交货可能增加的费用、材料运输费用的增加等。

3）机械费的增加。例如为了赶工可能增加机械设备的投入，或者不经济使用机械增加的费用等。

（2）提前竣工（赶工补偿）的调整原则

依据2013版《规范》第9.11.1条规定：招标人应当依据有关工程的工期定额合理计算工期，压缩的工期天数不得超过定额工期的20%，超过者，应在招标文件中明示增加赶工费用。

依据2013版《规范》第9.11.2条规定：发包人要求合同工程提前竣工的，应征得承包人同意后与承包人商定采取加快工程进度的措施，并应修订合同工程进度计划。发包人应承担承包人由此增加的提前竣工（赶工补偿）费用。

依据2013版《规范》第9.11.3条规定：发承包双方应在合同中约定提前竣工每日历天应补偿额度，此项费用应作为增加合同价款列入竣工结算文件中，应与结算款一并支付。

（3）赶工费用和赶工补偿费的区别

1）赶工费用是在合同签约之前，依据招标人要求压缩的工期天数是否超过定额工期的20%来确定，在招标文件中已有明示是否存在赶工费用。

2）赶工补偿费是在合同签约之后，因发包人要求合同工程提前竣工，承包人因此不得不投入更多的人力和设备，采用加班或倒班等措施压缩工期，这些赶工措施可能造成承包商大量的额外花费，为此承包商有权获得直接和间接的赶工补偿。

特别需要注意的是：提前竣工每日历天应补偿的赶工补偿费额度应在合同中约定，作为增加合同价款的费用，在竣工结算款中一并支付。

（4）赶工补偿费的确定

1）确认赶工的合法性。确认是业主要求的赶工，而不是承包商自行决定的赶工，且有明确的赶工指示。

2）界定赶工范围。界定赶工的部位，赶工范围的界定为后续的赶工补偿费分析限定了空间范围。

3）确定赶工时段。确认赶工开始时间和终止时间，进而确定赶工时段。赶工时段的界定为后续的赶工补偿费分析限定了时间范围。

4）计算赶工补偿费。依据赶工的范围、时段确定出赶工的天数，依据合同确定的每日历天赶工补偿额×赶工日历天计算赶工补偿费。

【案例 4-10】某建设工程项目，采用工程量清单计价方式招标，发包人与承包人签订了施工合同，合同工期为 500 天。施工合同中约定发包人要求合同工程每提前竣工 1 天，应补偿承包人 50000 元（含税金）的赶工补偿费。实际施工过程中，发包方因市场需求要求工程提前 7 天竣工，请问赶工补偿费如何支付？

【解析】首先该工程提前完工是发包人提前竣工的需求，需要承包人重新确定施工进度计划。

其次承包人为此提前竣工的实施，单位工日内投入了更多的人力和设备等资源来赶工，需要发包人给以相应的赶工补偿。

最后按照合同约定每提前完工一天，发包人补偿承包人 50000 元的赶工补偿费。按照合同约定的赶工补偿标准以及实际施工过程中的赶工时段，计算该工程的赶工补偿费＝50000 元/天×7 天＝350000 元。

11. 误期赔偿

（1）误期赔偿的概念

按期完工是承包人的合同义务，若承包人存在不可原谅的工期延误，不能按照合同约定按期完成工程而使发包人遭受损失，则承包人需要赔偿发包人的损失为此要支付的款项，即误期赔偿费。

（2）误期赔偿的性质

误期赔偿是对承包人误期完工造成发包人损害的一种强有力的补救措施。如果发包人阻止承包人按期完工而无任何有效的延长工期的机制，发包人便会丧失依赖误期赔偿规定的权力。误期赔偿是业主对承包商的一项索赔。

误期赔偿费的计算标准在合同签订时已做了规定，即在发生承包人责任的误期时需承包人赔偿的损害是有限的，并且发包人在接收误期完成的工程时也不必证明他由于该延误而发生的损失。误期赔偿的目的是对工程风险的合理分配，是为了保证合同目标的正常实现，保护业主的正当利益，实现合同公平、公正、自由的原则。

（3）误期赔偿的相关规定

依据 2013 版《规范》第 9.12.1 规定：承包人未按照合同约定施工，导致实际进度迟于计划进度的，承包人应加快进度，实现合同工期。

合同工程发生误期，承包人应赔偿发包人由此造成的损失，并应按照合同约定向发包人支付误期赔偿费。即使承包人支付误期赔偿费，也不能免除承包人按照合同约定应承担的任何责任和应履行的任何义务。

依据2013版《规范》第9.12.2规定：发承包双方应在合同中约定误期赔偿费，并应明确每日历天应赔额度。误期赔偿费应列入竣工结算文件中，并应在结算款中扣除。

依据2013版《规范》第9.12.3规定：在工程竣工之前，合同工程内的某单项（位）工程已通过了竣工验收，且该单项（位）工程接收证书中表明的竣工日期并未延误，而是合同工程的其他部分产生了工期延误的，误期赔偿费应按照已颁发工程接收证书的单项（位）工程造价占合同价款的比例幅度予以扣减。

也就是说在施工过程中，如果承包人未按照合同约定施工，导致实际进度晚于计划进度的，承包人应加快进度以实现合同工期。这时候发生的赶工费用是由承包人承担的。如果合同工期仍然因此延误，承包人应赔偿发包人由此造成的损失，并支付误期赔偿费。

按上面的规定，可看出承包人没有按期完工应向发包人支付误期赔偿，同时规定了支付误期赔偿的标准以及误期赔偿费应在结算款中扣除。若在整个工程的竣工期限之前，已有部分工程按期签发了接收证书，则剩余工程的误期赔偿金额应按比例折减。可见，误期赔偿属于业主索赔的范畴，是指对业主实际损失费的计算，而不是罚款。误期赔偿中关键是要：①区分误期赔偿和罚款的区别；②误期赔偿费的计算。

这里需要注意的一点是误期赔偿与罚款的区别：首先概念是不同的，前者的额度是获得赔偿一方因对方违约而损失的额度，而后者则是带有惩罚性质，通常大于实际损失。由于在工程合同中，误期赔偿费标准是在合同签订前由业主方确定下来的，只是在招标时对拖期损失的一种合理预见，因此，与实际的误期损失可能不一致。但如果误期赔偿费标准明显高于业主的损失太多，或被认为带有惩罚性质，则有可能被法律认定此规定没有效力。

（4）误期赔偿费的计算

九部委56号令11.5条款规定：承包人的工期延误，发包人可向承包人索赔误期赔偿。

FIDIC中8.7条款规定：如果承包商未能遵守第8.2条［竣工时间］的要求，承包商应当为其违约行为根据第2.5条［雇主的索赔］的要求，向雇主支付误期损害赔偿费。

土建工程施工合同中规定的误期赔偿费，通常都是由业主在招标文件中确定的。业主在确定这一赔偿金的费率时，一般要考虑以下因素：

1）由于本工程项目拖期竣工而不能使用，租用其他建筑物时的租赁费；

2）继续用使用原建筑物或租用其他建筑物的维修费用；

3）由于工程拖期而引起的投资（或贷款）利息；

4）工程拖期带来的附加监理费；

5）原计划收入款额的落空部分，如过桥费，高速公路收费，发电站的电费等。

12. 现场签证

（1）现场签证概述

现场签证是指施工过程中出现的一些与合同工程或合同约定不一致或未约定的事项，需要承发包双方用书面形式记录下来。13版《规范》将现场签证定义为：发包人现场代表（或其授权的监理人、工程造价咨询人）与承包人现场代表就施工过程中涉及的责任事件所做的签认证明。签证的实质可以说是一种用来快速解决现场发生变化的处理方法，一般用来解决比较小的或者比较急迫的事件，是一种处理方法的简化机制。一般有以下几种情况：

1）发包人口头指令，需要承包人将其提出，由发包人转换成书面签证。

2）发包人书面通知如涉及工程施工，需要承包人就完成此通知需要的内容向发包人提出，取得发包人的签证确认。

3）合同工程招标工程量清单中已有，但施工中发现与其不符，需要承包人及时向发包人提出确认，以便调整合同价款。

4）发包人原因，给承包人带来损失，需要承包人及时向发包人提出签证确认，以便计算索赔费用。

5）合同中约定的材料等价格由于市场波动发生变化，需承包人向发包人提出采购数量及其单价，以取得发包人签证确认。

2013 版《规范》相对于 2008 版《规范》对现场签证的规定主要有 3 个变化：明确了现场签证的前提和基本要求；规范了现场签证的程序（包括签证主体、签证事项、签证时间）；明确了现场签证费用的计算规则。主要对比见表 4-13。

新旧规范对现场签证的对比表 **表 4-13**

变化内容 / 清单版本	条款号	术　语	约定的详细程度
2008 版《规范》	2.0.11	现场签证 发包人现场代表与承包人现场代表就施工过程中涉及的责任事件所作的签认证明	4.6.6　提出签证的前提； 4.6.7　签证的支付时间（与进度款同期支付）
2013 版《规范》	2.0.24	现场签证 发包人现场代表（或其授权的监理人、工程造价咨询人）与承包人现场代表就施工过程中涉及的责任事件所作的签认证明	9.14.1 与 9.14.6 规定了承包人提出签证的前提； 9.14.2 与 9.14.5 规定了签证的处理程序与支付时间（与进度款同期支付）； 9.14.3 规定了现场签证费用的计算规则； 9.14.4 规定了承包人承担签证费用的条件（未经发包人签证确认，承包人便擅自施工的）

（2）现场签证的法理分析

1）现场签证是双方协商一致的结果，是双方法律行为

现场签证是合同双方就合同履行过程中的变更及实际施工活动的变动引起的权利义务关系变化重新予以确认并达成一致意见的结果，是建设工程施工合同中出现的新的补充合同，是整个建设工程施工合同的组成部分。

2）现场签证涉及的利益已经确定，可直接作为工程结算的凭据，具有可执行性

就现场签证在索赔程序中等同于已经审批的详细索赔报告的实质而言，在工程结算时，凡已获得双方确认的签证，均可直接在工程形象进度结算或工程最终造价结算中作为计算工程量及核定工程价款的依据，具有直接的可执行性。若对此提起诉讼，不属于确认

之诉，而是返还之诉。

3）现场签证是工程施工过程中的例行工作，一般不依赖于证据

工程施工过程中往往会因出现不同于原设计、原计划安排的变化而对原合同进行相应的调整，是项目经理施工管理中的例行工作。由于现场签证是合同双方就工期、费用等意思表示一致而达成的补充协议，是施工合同履行结果和变化确认的事实，它与施工合同的履行结果和变化具有客观性、关联性和合法性，诉讼中只要现场签证经双方签字，手续齐全，一般都被人民法院直接认定，并作为工程款支付的依据，不需要证据来证明。

（3）现场签证的分类

依据2013版《规范》第9.14.1条规定：承包人应发包人要求完成合同以外的零星项目、非承包人责任事件等工作的，发包人应及时以书面形式向承包人发出指令，并应提供所需的相关资料；承包人在收到指令后，应及时向发包人提出现场签证要求。

依据2013版《规范》第9.14.6条规定：在施工过程中，当发现合同工程内容因场地条件、地质水文、发包人要求等不一致时，承包人应提供所需的相关资料，并提交发包人签证认可，作为合同价款调整的依据。

从以上条款分析可知，现场签证事件可分为三大类：

1）完成合同以外的零星项目：包括零星用工、修复工程、技改项目及二次装饰工程。具体见表4-14。

零星项目汇总表 **表4-14**

序号	具体分类	具体内容
1	零星用工	1）由于现场条件经常发生变化，施工过程中会出现诸如穿墙打洞、凿除砖墙或混凝土之类的零星工作，也会出现许多零星用工； 2）垃圾清理、改变料场后填筑施工便道、迎水坡滩地填筑整平之类的工程量等
2	修复工程	原来已经做好的部位不是完全合格，经过修复满足功能要求
3	技改项目	新老风、水、电、气等的衔接等
4	二次装饰工程	二次装饰工程施工中，由于人们的审美观念不断变化，对细部要求和装饰效果也会随之变化，使得现场签证难免发生

2）非承包人责任事件：包括停水停电停工超过规定时间范围的损失，窝工、机械租赁、材料租赁等的损失，业主资金不到位致使长时间停工的损失，具体见表4-15。

非承包人责任事件汇总表 **表4-15**

序号	具体分类	具体内容
1	停水停电超过规定时间范围的损失	停电造成现场的塔吊等机械不能正常运转，工人停工、机械停滞、周转材料停滞而增加租赁费、工期拖延等损失
2	窝工、机械租赁、材料租赁等的损失	施工过程中由于图纸及有关技术资料交付时间延期，而现场劳动力无法调剂施工造成承包人窝工等损失
3	业主资金不到位致使长时间停工的损失	发包人（业主）资金不到位，中途长时间停工，造成大型机械长期闲置等的损失

3）合同工程内容因场地条件、地质水文、发包人要求不一致的项目：包括场地条件与合同工程内容不一致、地质水文与合同工程内容不一致及发包人要求改变原合同工程内容。具体见表4-16。

场地条件、地质水文、发包人要求具体内容表　　表4-16

序号	具体分类	具体内容
1	场地条件	开挖基础后，发现有地下管道、电缆、古墓等。这些属于不可预见因素，可根据实际发生的费用项目，经发承包双方签字认可办理手续
2	地质水文	由于地质资料不详或发承包在开工前没有提供地质资料，或虽然提供了但和实际情况不相符，造成基础土方开挖时的措施费用增加，可就此办理签证
3	发包人要求	发包人为方便管理、协调环境等在施工阶段提出的设计修改和各种变更而导致的施工现场签证等

（4）现场签证的性质

1）依据2013版《规范》第9.14.5条规定：现场签证工作完成后的7天内，承包人应按照现场签证内容计算价款，报送发包人确认后，作为增加合同价款，与进度款同期支付。

此条主要针对的是发包人要求完成合同以外的零星项目、非承包人责任事件等工作时，所发生的现场签证工作凭现场签证单，核算发生事件的费用，直接计入合同总价款。明确规定了现场签证计算价款的支付原则。

2）依据2013版《规范》第9.14.6条规定：在施工过程中，当发现合同工程内容因场地条件、地质水文、发包人要求等不一致时，承包人应提供所需的相关资料，并提交发包人签证认可，作为合同价款调整的依据。

此条主要针对的是因场地条件、地质水文、发包人要求等不一致时等事件发生时，导致了合同状态发生变化，此时，现场签证不作为计价的凭证，而是作为事件发生的证明，其发生事件所导致的费用，是通过变更、索赔等方式所确定。此时的现场签证是竣工结算的凭证，而不是与变更、索赔、调价等并列的合同价款调整的机制。也就是说，此时的现场签证只是一个事项发生的证明，不具有计价的功能。因此可看出现场签证作为事件发生的凭证，为变更、索赔事件提供有效证据。

（5）现场签证的调整

一份完整的现场签证应包括时间、地点、原因、事件后果、如何处理等内容，并由发承包双方授权的现场管理人签章。也就是说现场签证的三要件为：签证主体、签证事项、签证形式，缺一不可。

签证主体是施工合同双方在履行合同过程中在签证单上签字的行为人。签证单上的签字人是否有权代表承发包双方签证，直接关系到该签证是否有效，关系到承包方在履行合同过程中所做的签证是否最终能反映到工程结算价和其他权力的确定中来。

合同双方在合同签订时就必须明确约定签证主体，在合同履行中形成签证时，应当找有效的签证主体进行签证，确保签证合法有效。为避免由于签证主体无效而给企业带来损失，在签订施工合同的专用条款中，要将合同双方各自委派的工程师或项目经理的姓名、职务、职权和义务加以明确，并必须注意合同履行过程中的变化情况。在施工过程中，发生签证事由时，找合同中约定的有签证主体资格的工程师进行签证，以保证所形成的签证合法有效，保证承包商合法权益的实现。

1）现场签证程序（图 4-10）

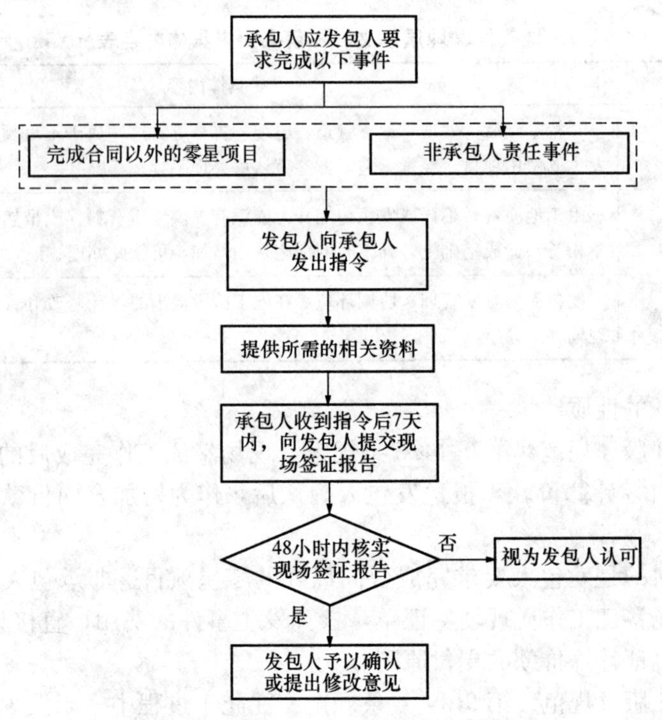

图 4-10　现场签证程序

依据财政部和原建设部关于印发《建设工程价款结算暂行办法》的通知（财建[2004] 369 号）第十四条（六）规定：发包人要求承包人完成合同以外零星项目，承包人应在接受发包人要求的 7 天内就用工数量和单价、机械台班数量和单价、使用材料和金额等向发包人提出施工签证，发包人签证后施工，如发包人未签证，承包人施工后发生争议的，责任由承包人自负。

2）在施工过程中进行签证时要注意程序的合法性，规范签证的流程，需要注意以下几点：

① 业主代表、承包商代表应在法定或约定的期限内提出或答复签证；

② 业主代表的指令、通知和承包商的通知、报告应以书面形式提交，并由双方签字确认；

③ 双方协商达成一致的补充协议，应以书面形式由双方法定代表人签字；

④ 双方代表应将生效的工程签证资料整理归档。

业主代表不能及时给出必要指令、确认、批准，应承担因违约给承包商增加的利息，并顺延工期。按协议条款支付违约金和赔偿直接经济损失。对不在规定时间内批准的，承担视为批准的后果。承包商亦可在规定的时间内（索赔事件发生后 28 日内）向业主提出索赔；承包商代表不履行指令，应承担相应的违约责任，并负责赔偿相应的经济损失。

在施工合同履行过程中，有相当一部分签证事项，在签证时有严格的时效和程序要求，稍有疏漏也会导致签证无效甚至得不到签证。所以必须注重工程签证的时效性。

3）现场签证的调整

① 有计日工单价的现场签证引起的合同价款调整值的确定

依据 2013 版《规范》9.14.3 规定：现场签证的工作如已有相应的计日工单价，现场签证中应列明完成该类项目所需的人工、材料、工程设备和施工机械台班的数量。现场签证费用算式如下：

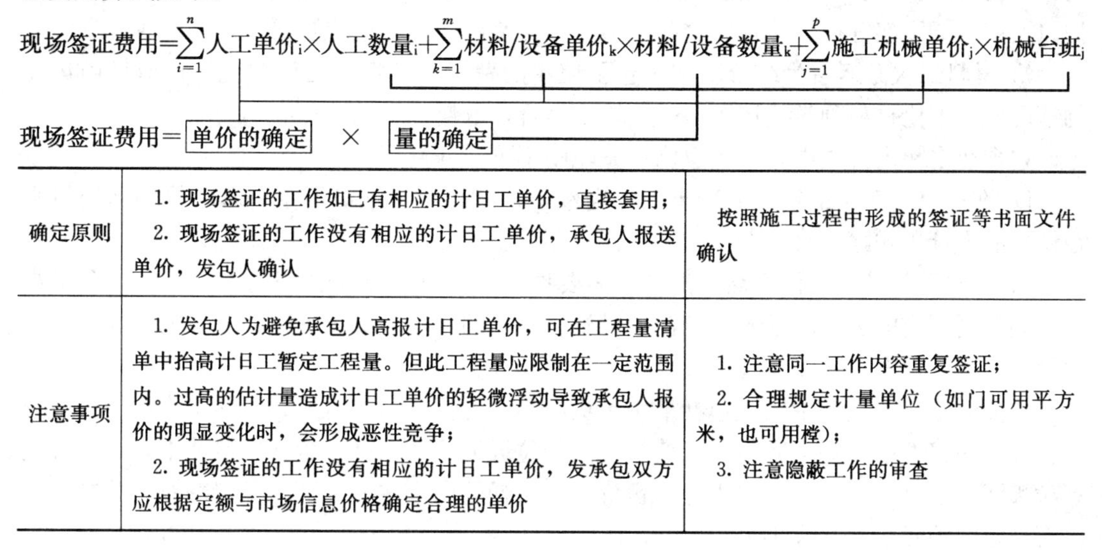

$$现场签证费用=\sum_{i=1}^{n}人工单价_i \times 人工数量_i+\sum_{k=1}^{m}材料/设备单价_k \times 材料/设备数量_k+\sum_{j=1}^{p}施工机械单价_j \times 机械台班_j$$

现场签证费用＝单价的确定 × 量的确定

确定原则	1. 现场签证的工作如已有相应的计日工单价，直接套用； 2. 现场签证的工作没有相应的计日工单价，承包人报送单价，发包人确认	按照施工过程中形成的签证等书面文件确认
注意事项	1. 发包人为避免承包人高报计日工单价，可在工程量清单中抬高计日工暂定工程量。但此工程量应限制在一定范围内。过高的估计量造成计日工单价的轻微浮动导致承包人报价的明显变化时，会形成恶性竞争； 2. 现场签证的工作没有相应的计日工单价，发承包双方应根据定额与市场信息价格确定合理的单价	1. 注意同一工作内容重复签证； 2. 合理规定计量单位（如门可用平方米，也可用樘）； 3. 注意隐蔽工作的审查

② 无计日工单价的现场签证引起的合同价款调整

依据 2013 版《规范》9.14.3 规定：如果现场签证的工作没有相应的计日工单价，应在现场签证报告中列明完成该签证工作所需的人工、材料设备和施工机械台班的数量及单价。

A. 人工综合单价的确定。对于无计日工单价的现场签证项目中的人工费，其单价核定通常比合同单价偏高，监理工程师可视具体工种及情况而定。

B. 材料综合单价的确定。对于无计日工单价的现场签证项目中的材料费用，应按承包商采购此种材料的实际费用加上合同中规定的其他计费费率进行计量支付，该费用包括了材料费和运输费、装卸费、管理费、正常损耗及利润等，监理工程师可根据供货商和运货商的发票作为实际费用的支付依据。

C. 施工机械综合单价的确定

对于无计日工单价的现场签证项目中的机械设备，可参照《概（预）算定额》中有关机械设备的台班定额，根据工程量大小，通过计算确定。

考虑到招标时，招标人对计日工项目的预估难免会有遗漏，带来实际施工发生后，无相应的计日工单价时，现场签证只能包括单价一并处理，因此，在汇总时，有计日工单价的，可归并于计日工，如无计日工单价，归并于现场签证，以示区别。当然，现场签证全部归并于计日工也是一种可行的处理方式。

4）现场签证调整的注意事项

① 防范重复签证

许多现场签证人员仅懂施工技术，对定额和取费程序不熟悉，有的内容已经包括在定额工作内容中或者已经包含在投标报价中。同一工程内容很容易造成签证重复的情况，此类签证在返工或挖运土方的工程中较为多见。

A. 定额其他直接费中所包括的材料检验试验、材料场内的二次搬运、竣工场地清理等不应办理现场签证；再签证认就会造成重复计价。

B. 人工挖沟槽、地坑的定额中已经包含坑底打夯，就不应该再签原土夯实；消耗量定额中的构筑物综合项，已经包括模板的制作安拆、钢筋的制作绑扎、混凝土的浇捣、养护以及搭拆脚手架等操作过程，这些分项工程再签证的话就造成重复。

C. 材料二次搬运费为综合测定、包干使用的费用，除定额已说明允许计取场内运输的情况外，不论材料种类、运距多少，均不另行计取场内运输费；有的现场签证的施工内容已包含在定额内容之中，费用也已计算，则不可另外签证。

D. 在修缮定额中的钢筋混凝土工程定额中，已经包含钢筋用量，若上报钢筋用量则在结算的审计中扣除。

E. 下雨天气导致工作面被水淹没，需要抽干水再进行施工，一周内累计抽水台班没有达到合同规定的数量时是属于定额中措施费用里的，不能给予签证，类似的情况还有下雨导致停工、停电、淤泥的处理等。

比如说挖湿土定额中已经包括抽水台班，不允许签证抽水台班；有的工作内容已被包括在综合间接费中，如工完料尽，建筑场内的垃圾清理费用已包含在间接费中，不允许签证垃圾清理工日，更有的是对中标承包价中已包括的内容重复签证。凡定额及有关文件中已有规定的项目，不允许再另行签证。

② 提高签证的清晰度

对于所发生事件的数量、规格记录得不完整、日期不交代、内容描述模糊不清、模棱两可、前后矛盾的情况在施工签证过程中极为常见。

A. 提高合同管理水平

要真正避免、减少和规范现场签证，还是要把控制的重点放在合同上，提高合同管理水平，完善合同条款，减少合同漏洞，尽可能地减少现场签证的发生，从源头上着手解决现场签证问题。

施工管理人员必须熟知合同对施工范围的约定。避免因分包工程与总包之间、分包工程与分包工程之间的施工界面划分不清而导致的现场签证的发生。

B. 重视隐蔽工程环节

在实施施工组织设计和施工方案过程中，尤其要把好隐蔽工程的签认关。隐蔽工程签证是指施工完成以后将被覆盖的工程签证。此类签证资料一旦缺少将难以完成结算，工作中特别注意做好以下几方面记录：

a. 基础换土及回填，土方运输方式，深度，宽度记录；

b. 桩入土深度及有关开槽记录；

c. 基坑开挖验槽记录。

只有这样，才能使隐蔽工程签证及时和真实。

工程设计变更单中，变更的范围和内容要表述清晰，尺寸、标高和文字说明等表达到位，图示规范。如：比如土方开挖，要注明挖土类别、开挖方式、开挖深度、平面尺寸，回填土或灰土是否是就地取土、土方外运时运土运距及运土方式等。

③ 规范签证程序

大多数签证由承包方发起，业主现场代表仅仅签上“同意”、“情况属实”等字，就算完成签证，更有甚者没有盖部门公章没有附图与详细资料，无从核实工程数量的签证。

A. 明确签证主体。现场签证必须有业主方、监理方、施工方代表签字，对于签证价格较大或大宗材料单价，必须加盖各方公章。

B. 严格恪守签证时限。工程变更及现场签证一定要及时，不应拖延到结算时才补签，对于一些重大的现场变化，还应及时拍照或录像，以保存第一手的原始资料。

C. 明确签证内容。工程变更及现场签证的内容、数量、项目、原因、部位、日期、结算方式、结算单价等要明确。

D. 签证手续要齐全。承包商要注重合同约定的签证手续和流程。

例如：每份签证内容按各单项工程不同专业由各专业监理工程师、总监理工程师、建设单位现场施工管理人员、建设单位预算人员、建设单位工程部长、建设单位经理按签批权限逐层签字审批后，由资料员编号生效，然后发放各单位实施。由施工单位将此次签证内容编制成预算书，报至建设单位工程造价人员审核，然后经建设单位预算人员、工程部长签批、盖章后生效，进行过程跟踪结算，竣工结算时直接并入相应工程总价中。

13. 暂列金额

（1）暂列金额的定义

《标准施工合同招标文件》规定：已标价工程量清单中所列的暂列金额，用于在签订协议书时尚未确定或不可预见变更的施工及其所需材料、工程设备、服务等的金额，包括以计日工方式支付金额。

2013 版《规范》规定：招标人在工程量清单中暂定并包括在合同价款中的一笔款项。用于工程合同签订时尚未确定或者不可预见的所需材料、工程设备、服务的采购，施工中可能发生的工程变更、合同约定调整因素出现时的合同价款调整以及发生的索赔、现场签证确认等的费用。

建设工程自身的特性决定了工程的设计需要根据工程进展不断地进行优化和调整，业主需求可能会随着工程建设进展出现变化，工程建设过程还会存在一些不能预见、不可确定的因素。消化这些因素必然会影响合同价格的调整，暂列金额正是为这些不可避免的价格调整而设立的。

其中不能预见、不可确定的因素包括：尚未确定或者不可预见的所需材料、工程设备、服务的采购，施工中可能发生的工程变更、合同约定调整因素出现时的合同价款调整以及发生的索赔、现场签证确认等。

（2）暂列金额与相关概念的区分

1）暂列金额与变更

暂列金额是特殊的变更，虽然最后要以变更形式反映出来，但不同于一般的变更。一般变更没有预知性，只有发生了或发现了才提出办理，而暂列金额是开始就知道可能要发生，与之相对应的费用也是相对确定的，只是条件未成熟，发承包双方投标阶段时暂时无法操作。

2）暂列金额与暂估价

两者的区别见表 4-17。

暂列金额与暂估价对比表　　表4-17

	暂列金额	暂估价
定义	招标人在工程量清单中暂定并包括在合同价款中的一笔款项。用于施工合同签订时尚未确定或者不可预见所需材料、设备、服务采购，施工中可能发生的工程变更、合同约定调整因素出现时的工程价款调整以及发生索赔、现场签证确认等的费用	招标人在工程量清单中提供的用于支付必然发生但暂时不能确定价格的材料单价及专业工程金额
发生可能	可能要发生	必然要发生
价格形式	一笔款项	可能是“一笔款项”，也有可能是“单价”

（3）暂列金额的相关规定

依据2013版《规范》第9.15.1条规定：已签约合同价中的暂列金额由发包人掌握使用。

依据2013版《规范》第9.15.2条规定：发包人按本规范第9.1至第9.14节规定支付后，暂列金额余额应归发包人所有。

（4）暂列金额的调整

1）招投标阶段的应用

采用工程量清单计价的工程，暂列金额按招标文件编制，列入其他项目费。采用工料单价计价的工程，暂列金额单独列项计算。暂列金额由招标人填写，如不能详列，也可只列暂定金额总额，投标人应将上述暂列金额计入投标总价中。暂列金额明细样表见表4-18。

暂列金额明细样表　　表4-18

序号	项目名称	计量单位	暂定金额（元）	备注
1				
2				
3				
合计				

2）施工阶段的应用

在施工过程中，对于经发包人批准的每一笔暂列金额，监理人有权向承包人发出实施工程或提供材料、工程设备或服务的指令。这些指令应由承包人完成。

当监理人提出要求时，承包人应提供有关暂列金额支出的所有报价单、发票、凭证和账单或收据，除非该工作是根据已标价工程量清单列明的单价或总额价进行的估价。

3）竣工结算阶段的应用

2013版《规范》第11.2.4条与2008版《规范》4.8.6条对竣工结算阶段的应用规定相同：

竣工结算时，其他项目费用中的暂列金额应按下列规定计算：暂列金额应减去合同价款调整（包括索赔、现场签证）金额计算，如有余额归发包人。

暂列金额包括在合同价格之内，但并不直接属承包人所有，由发包人掌握使用，可能全部使用、部分使用或完全不用。

合同价款中的暂列金额在用于合同价款调整、索赔与现场签证后，若有余额，则余额归发包人；若出现差额，则由发包人补足并反映在相应的工程价款中。

对一些技术措施项目，因为属于可竞争项目，若在招标投标时有确定的方案，按照方案进行组价，从而把造价稳定控制最好。若在招标投标时没有确定的方案，留下“活口”，则造价往往是很难控制的。一般而言，控制造价越在前期控制越有效。

五、工程量清单计价规范下的工程价款支付操作实务

（一）工程预付款支付操作实务

1. 预付款

（1）承包人应将预付款专用于合同工程。（参见 2013 版《规范》10.1.1）

（2）包工包料工程的预付款的支付比例不得低于签约合同价（扣除暂列金额）的 10%，不宜高于签约合同价（扣除暂列金额）的 30%。（参见 2013 版《规范》10.1.2）

（3）承包人应在签订合同或向发包人提供与预付款等额的预付款保函后向发包人提交预付款支付申请。（参见 2013 版《规范》10.1.3）

（4）发包人应在收到支付申请的 7 天内进行核实，向承包人发出预付款支付证书，并在签发支付证书后的 7 天内向承包人支付预付款。（参见 2013 版《规范》10.1.4）

（5）发包人没有按合同约定按时支付预付款的，承包人可催告发包人支付；发包人在预付款期满后的 7 天内仍未支付的，承包人可在付款期满后的第 8 天起暂停施工。发包人应承担由此增加的费用和延误的工期，并应向承包人支付合理利润。（参见 2013 版《规范》10.1.5）

（6）预付款应从每一个支付期应支付给承包人的工程进度款中扣回，直到扣回的金额达到合同约定的预付款金额为止。（参见 2013 版《规范》10.1.6）

（7）承包人的预付款保函的担保金额根据预付款扣回的数额相应递减，但在预付款全部扣回之前一直保持有效。发包人应在预付款扣完后的 14 天内将预付款保函退还给承包人。（2013 版《规范》10.1.7）

2. 安全文明施工费

（1）安全文明施工费包括的内容和使用范围，应符合国家有关文件和计量规范的规定。（参见 2013 版《规范》10.2.1）

（2）发包人应在工程开工后的 28 天内预付不低于当年施工进度计划的安全文明施工费总额的 60%，其余部分应按照提前安排的原则进行分解，并应与进度款同期支付。（参见 2013 版《规范》10.2.2）

（3）发包人没有按时支付安全文明施工费的，承包人可催告发包人支付；发包人在付款期满后的 7 天内仍未支付的，若发生安全事故，发包人应承担相应责任。（参见 2013 版《规范》10.2.3）

（4）承包人对安全文明施工费应专款专用，在财务账目中应单独列项备查，不得挪作他用，否则发包人有权要求其限期改正；逾期未改正的，造成的损失和延误的工期应由承包人承担。（2013 版《规范》10.2.4）

3. 综合案例

【案例 5-1】 某施工单位承包某工程项目，甲乙双方签订的关于工程价款的合同内容有：

（1）合同总价 1200 万元，建筑材料及设备费用占施工产值的比重为 60%；

（2）工程预付款为合同总价的 25%。工程实施后，工程预付款从未施工工程尚需的主要材料及构件的价值相当于工程预付款数额时起扣，从每次结算工程价款中按材料和设备占施工产值的比重抵扣工程预付款，竣工前全部扣清；

（3）工程进度款按月计算；

（4）工程保修金为合同总价的 3%，从每月的工程款中按 3%扣留；

（5）材料和设备价差调整按规定进行（按有关规定材料和设备价差上调 10%，在竣工结算时一次调增）。工程各月实际完成产值见表 5-1。

某工程各月实际完成产值表　　表 5-1

月份	2	3	4	5	6	7
完成产值	150	180	250	250	220	150

问题：

（1）该工程的预付款、起扣点为多少？

（2）该工程 2～6 月各月拨付的工程款为多少？

（3）7 月办理工程竣工结算，该工程结算造价为多少？业主应付工程结算款为多少？

【解析】

（1）工程预付款：1200 万元×25%＝300 万元；

起扣点：1200 万元－300 万元/60%＝700 万元

（2）2～6 月各月拨付工程款为：

2 月：工程款 150 万元，累计工程款 150 万元；

3 月：工程款 180 万元，累计工程款 330 万元；

4 月：工程款 250 万元，累计工程款 580 万元；

5 月：工程款 250 万元－（250＋580－700）万元×60%＝172 万元，累计工程款为 752 万元，因起扣点为 700 万元，故 5 月份开始抵扣工程预付款；

6 月：工程款 220 万元－220 万元×60%＝88 万元，累计工程款为 840 万元。

（3）工程结算总造价为：

1200 万元＋1200 万元×60%×10%＝1272 万元；

业主应付工程结算款为：

1272 万元－840 万元－1272 万元×3%－300 万元＝93.84 万元。

施工企业承包工程，一般实行包工包料，这就需要有一定数量的备料周转金。在工程承包合同条款中，一般要明文规定发包方在开工前拨付给承包商一定限额的工程预付备料款。此预付款构成施工企业为此承包工程项目储备的主要材料、构配件所需的流动资金。按照我国有关规定，实行工程预付款的，双方应当在专用条款内约定发包方向承包方预付工程款的时间和数额，开工后按约定的时间和比例逐次扣回。预付时间应不迟于约定的开工日期前7天。发包方不按约定预付，承包方在约定预付时间7大后向发包方发出要求预付的通知，发包方收到通知后仍不能按要求预付，承包方可在发出通知后停止施工，发包方应从约定应付之日起向承包方支付应付款的贷款利息，并承担违约责任。

预付备料款限额决定因素主要有：主要材料（包括外购构件）占工程造价的比重；材料储备期；施工工期。在实际工作中，备料款的数额，要根据各工程类型、合同工期、承包方式和供应体制等不同条件而定。一般建筑工程不应超过当年建筑工作量（包括水、电、暖）的30%，安装工程按年安装工作量的10%；材料占比重较多的安装工程按年计划产值的15%左右拨付。对于只包定额工日（不包材料，一切材料由建设单位供给）的工程项目，则可以不预付备料款。

对于施工企业的备料款限额计算公式为：

$$备料款限额 = \frac{年度承包工程总值 \times 主要材料所占比重}{年度施工日历天数} \times 材料储备天数$$

发包方拨付给承包方的备料款属于预支性质，到了工程实施后，随着工程所需主要材料储备的逐步减少，应以抵充工程价款的方式陆续扣回。扣款的方法有两种：

① 可以从未施工工程尚需的主要材料及构件的价值相当于备料款数额时起扣，从每次结算工程价款中，按材料比重扣抵工程价款，竣工前全部扣清。计算公式为：

$$T = P - \frac{M}{N}$$

其中：T——起扣点的累计完成工作量余额；

P——承包工程价款总额；

M——预付备料款限额；

N——主要材料所占比重。

② 扣款的方法也可以在承包方完成金额累计达到合同总价的一定比例后，发包方从每次应付给承包方的金额中扣回工程预付款。比如：可以约定实际完成产值达到合同总价60%后，分两个月从工程进度款中抵扣等方式。可以分几次抵扣，也可以一次全部抵扣但在合同条款中需明确相关内容。

（二）进度款支付操作实务

1. 进度款的概念

发承包双方应按照合同约定的时间、程序和方法，根据工程计量结果，办理期中价款结算，支付进度款。（2013版《规范》10.3.1）由此可知进度款是期中付款其性质为工程执行过程中根据承包人完成的工程量给予的临时付款。

在2013版《规范》2.0.49中给出了进度款的定义：在合同工程施工过程中，发包人按照合同约定对付款周期内承包人完成的合同价款给予支付的款项，也是合同价款期中结算支付。

2. 进度款的支付

进度款支付周期应与合同约定的工程计量周期一致。（2013版《规范》10.3.2）在

《标准施工招标文件》中对于计量周期的约定为单价子目按照月计量，总价子目按照支付分解报告确定的周期进行计量，在每个计量支付周期期末进行进度款的支付申请工作。

具体的支付程序为：承包人完成本支付周期工程量的计量工作后递交工程进度款支付申请单；监理工程师对承包人递交的进度付款申请及相应资料进行审核，审核通过后确定应支付承包人的具体金额，并将审核结果上报发包人；发包人对监理工程师确定的支付金额进行审核，主要是审核金额及支持性证明文件。

为了防止发包人恶意拖延工程进度款的支付，合同中应约定进度款的审核与支付期限：

（1）发包人应在收到承包人进度款支付申请后的 14 天内，根据计量结果和合同约定对申请内容予以核实，确认后向承包人出具进度款支付证书。若发承包双方对部分清单项目的计量结果出现争议，发包人应对无争议部分的工程计量结果向承包人出具进度款支付证书。（参见 2013 版《规范》10.3.9）

（2）发包人应在签发进度款支付证书后的 14 天内，按照支付证书列明的金额向承包人支付进度款。（参见 2013 版《规范》10.3.10）

（3）若发包人逾期未签发进度款支付证书，则视为承包人提交的进度款支付申请已被发包人认可，承包人可向发包人发出催告付款的通知。发包人应在收到通知后的 14 天内，按照承包人支付申请的金额向承包人支付进度款。（参见 2013 版《规范》10.3.11）

发包人未按照本规范第 10.3.9～10.3.11 条的规定支付进度款的，承包人可催告发包人支付，并有权获得延迟支付的利息；发包人在付款期满后的 7 天内仍未支付的，承包人可在付款期满后的第 8 天起暂停施工。发包人应承担由此增加的费用和延误的工期，向承包人支付合理利润，并应承担违约责任。（参见 2013 版《规范》10.3.12）

发现已签发的任何支付证书有错、漏或重复的数额，发包人有权予以修正，承包人也有权提出修正申请。经发承包双方复核同意修正的，应在本次到期的进度款中支付或扣除。（参见 2013 版《规范》10.3.13）

承包人应在每个计量周期到期后的 7 天内向发包人提交已完工程进度款支付申请一式四份，详细说明此周期认为有权得到的款额，包括分包人已完工程的价款。支付申请应包括下列内容：（参见 2013 版《规范》10.3.8）

1）累计已完成的合同价款；

2）累计已实际支付的合同价款；

3）本周期合计完成的合同价款：

① 本周期已完成单价项目的金额

已标价工程量清单中的单价项目，承包人应按工程计量确认的工程量与综合单价计算；综合单价发生调整的，以发承包双方确认调整的综合单价计算进度款。（参见 2013 版《规范》10.3.3）

此项费用为进度款支付的主要费用组成，所占比例最大，其准确性将对工程计量支付的结果产生重大影响。此部分费用的确定需要按照监理工程师认可的工程量为计算依据，按照合同中约定的计算规则，套用双方共同认可的综合单价来计算工程进度款。关键在于确定出准确的工程量，所以承包人与监理工程师往往采用现场测量等方式准确对已完形象进度进行计量。若综合单价有调整，则以调整后的综合单价计算工程进度款。

② 本周期应支付的总价项目的金额

工程量清单中的总价项目和按照本规范第 8.3.2 条规定形成的总价合同，承包人应按合同中约定的进度款支付分解，分别列入进度款支付申请中的安全文明施工费和本周期应支付的总价项目的金额中。(参见 2013 版《规范》10.3.4)

③ 本周期已完成的计日工价款

在实施计日工工作过程中，承包人应每天上报监理工程师前一天为计日工所投入的资源清单报表，具体包括：所有参加计日工工作的人员名单、工种和具体工作时间；施工设备和临时工程的类别、型号和施工时间；永久设备和材料施工的数量、品牌、型号和类别等。表格一式两份，承包人留存一份。如果承包人需要为完成计日工外购材料，必须先提交订货报价单，经批准后方可进行采购，采购完后还要提供发票等凭证。

④ 本周期应支付的安全文明施工费

发包人应在开工后的 28 天内预付不低于当年施工进度计划的安全文明施工费总额的 60%，其余部分按照提前安排的原则进行分解，列入进度款支付申请中的安全文明施工费中。

⑤ 本周期应增加的金额

本期应增加的金额是指除了单价项目、总价项目、计日工、安全文明施工费以外的全部应增加金额。

承包人现场签证和得到发包人确认的索赔金额应列入本周期应增加的金额中。(参见 2013 版《规范》10.3.6)

现场签证费用的支付应以监理工程师签字认可的人工、材料、工程设备和施工机械台班的数量以及计日工单价进行计算。

工程索赔费用的支付应以监理工程师签字确认的索赔报告中列明的支付方式及支付金额为准。

4) 本周期合计应扣减的金额：

① 本周期应扣回的预付款

合同中有约定的按约定扣回，合同中无约定的一般预付款的归还方式是按每次付款的百分比在支付证书中扣减，如果扣减的百分比没有在投标保函附录中写明，扣除方法为：当期中支付证书的累积款项（不包括预付款及保留金的扣减与退还）超过中标合同款额与暂定金额之差的 10%时，开始从期中支付证书中抵扣预付款，每次抵扣金额为该支付证书的 25%（不包括预付款及保留金的扣减与退还），抵扣的货币比例与支付预付款的货币比例相同，直到预付款全部归还为止。

② 本周期应扣减的金额

应扣减的金额包括除了预付款外，发包人提供的甲供材料金额、承包人应支付给发包人的索赔金额及质量保证金。

发包人提供的甲供材料金额，应按照发包人签约提供的单价和数量从进度款支付中扣除，列入本周期应扣减的金额中。(参见 2013 版《规范》10.3.5)

质量保证金应从首次支付工程进度款开始扣留。用该月承包人有权获得的所有款项×合同中约定保留金的比例（一般为 3%～5%）作为本次支付时应扣留的金额，逐月累计扣到合同约定的保留金最高金额为止（通常为中标合同额的 5%）。

5）本周期实际应支付的合同价款

由此可知，本付款周期实际应支付的工程价款＝（本周期已完成单价项目的金额＋本周期应支付的总价项目的金额＋本周期已完成的计日工价款＋本周期应支付的安全文明施工费＋本周期应增加的金额－本周期应抵扣的预付款－本周期应扣减的金额）×合同中约定的付款比例。

进度款的支付比例按照合同约定，按期中结算价款总额计，不低于60％，不高于90％。（参见2013版《规范》10.3.7）

六、工程量清单计价规范下的工程变更操作实务

（一）工程变更

1. 工程变更的概念

在工程项目的实施过程中，由于种种原因，常常会出现设计、工程量、进度计划、使用材料等方面的变化，这些变化统称工程变更，包括设计变更、进度计划变更、施工条件变更以及原招标文件和工程量清单中未包括的“新增工程”。

2013 版《规范》与 2008 版《规范》相比，在术语 2.0.16 条款中新增了工程变更的概念，与九部委 56 号令中“一增一减三改变”的工程变更范围相比，主要有两处不同：

（1）未包含“改变合同中任何一项工作的质量或其他特性”。

（2）将“招标工程量清单的错、漏而引起合同条件的改变或工程量的增减变化”明确为变更的范围。

2013 版《规范》与 99 版 FIDIC、九部委 56 号令中关于变更概念的内容对比表：

不同法规，规范中工程变更概念对比表 **表 6-1**

99 版 FIDIC	九部委 56 号令	2013 版《规范》
条款 13.1 有权变更 在颁发工程接收证书前的任何时间工程师可通过发布指示或以要求承包商递交建议书的方式提出变更。 承包商应执行每项变更并受每项变更的约束除非承包商马上通知工程师并附具体的证明资料并说明承包商无法得到变更所需的货物在接到此通知后工程师应取消确认或修改指示。 每项变更可包括： （1）对合同中任何工作的工程量的改变此类改变并不一定必然构成变更； （2）任何工作质量或其他特性上的变更； （3）工程任何部分标高位置和（或）尺寸上的改变； （4）省略任何工作除非它已被他人完成； （5）永久工程所必需的任何附加工作、永久设备、材料或服务，包括任何联合竣工检验、钻孔和其他检验以及勘察工作； （6）工程的实施顺序或时间安排的改变。 承包商不应对永久工程作任何更改或修改除非且直到工程师发出指示或同意变更	15.1 变更的范围和内容 除专用合同条款另有约定外，在履行合同中发生以下情形之一，应按照本条规定进行变更。 （1）取消合同中任何一项工作，但被取消的工作不能转由发包人或其他人实施； （2）改变合同中任何一项工作的质量或其他特性； （3）改变合同工程的基线、标高、位置或尺寸； （4）改变合同中任何一项工作的施工时间或改变已批准的施工工艺或顺序； （5）为完成工程需要追加的额外工作	2.0.16 工程变更 合同工程实施过程中由发包人提出或由承包人提出经发包人批准的合同工程任何一项工作的增、减、取消或施工工艺、顺序、时间的改变；设计图纸的修改；施工条件的改变；招标工程量清单的错、漏从而引起合同条件的改变或工程量的增减变化

2. 工程变更的产生原因

工程变更是建筑施工生产的特点之一，主要原因是：

（1）业主方对项目提出新的要求；

（2）由于现场施工环境发生了变化；

（3）由于设计上的错误，必须对图纸做出修改；

（4）由于使用新技术有必要改变原设计；

（5）由于招标文件和工程量清单不准确引起工程量增减；

（6）发生不可预见的事件，引起停工和工期拖延。

3. 工程变更的确认

由于工程变更会带来工程造价和工期的变化，为了有效地控制造价，无论哪一方提出工程变更，均需由监理工程师确认并签发工程变更指令。当工程变更发生时，要求监理工程师及时处理并确认变更的合理性。一般过程是：提出工程变更→分析提出的工程变更对项目目标的影响→分析有关的合同条款和会议、通信记录→初步确定处理变更所需的费用、时间、范围和质量要求（向业主提交变更详细报告）→确认工程变更。

4. 工程变更的控制

工程变更按照发生的时间划分，有以下几种：

（1）工程尚未开始：这时的变更只需对工程设计进行修改和补充；

（2）工程正在施工：这时变更的时间通常很紧迫，甚至可能发生现场停工，等待变更通知；

（3）工程已完工：这时进行变更，就必须做返工处理。

因此，应尽可能避免工程完工后进行变更，既可以防止浪费，又可以避免一旦处理不好引起纠纷，损害投资者或承包商的利益，对项目目标控制不利。首先，因为承包工程实际造价＝合同价＋索赔额。承包方为了适应竞争日益激烈的建设市场，通常在合同谈判时让步而在工程实施过程中通过索赔获取补偿；由于工程变更所引起的工程量的变化、承包方的索赔等，都有可能使最终投资超出原来的预计投资，所以造价工程师应密切注意对工程变更价款的处理；其次，工程变更容易引起停工、返工现象，会延迟项目的完工时间，对进度不利；第三，变更的频繁还会增加工程师的组织协调工作量（协调会议、联席会的增多），而且变更频繁对合同管理和质量控制也不利。因此对工程变更进行有效控制和管理十分重要。

工程变更中除了对原工程设计进行变更、工程进度计划变更之外，施工条件的变更往往较复杂，需要特别重视，尽量避免索赔的发生。施工条件的变更，往往是指未能预见的现场条件或不利的自然条件，即在施工中实际遇到的现场条件同招标文件中描述的现场条件有本质的差异，使承包商向业主提出施工单价和施工时间的变更要求。在土建工程中，现场条件的变更一般出现在基础地质方面，如厂房基础下发现流砂或淤泥层，隧洞开挖中发现新的断层破碎等。

在施工实践中，控制由于施工条件变化所引起的合同价款变化，主要是把握施工单价和施工工期的科学性、合理性。因为，在施工合同条款的理解方面，对施工条件的变更没有十分严格的定义，往往会造成合同双方各执一词。所以，应充分做好现场记录资料和试验数据库的收集整理工作，使以后在合同价款的处理方面，更具有科学性和说服力。

5. 工程变更的处理程序

（1）建设单位需对原工程设计进行变更，根据《建设工程施工合同文本》的规定，发包方应不迟于变更前 14 天以书面形式向承包方发出变更通知。变更超过原设计标准或批准的建设规模时，须经原规划管理部门和其他有关部门审查批准，并由原设计单位提供变更的相应图纸和说明。发包方办妥上述事项后，承包方根据发包方变更通知并按监理工程师要求进行变更。因变更导致合同价款的增减及造成的承包方损失，由发包方承担，延误的工期相应顺延。合同履行中发包方要求变更工程质量标准及发生其他实质性变更，由双方协商解决。

（2）承包方要求对原工程进行变更，其控制程序见图 6-1。

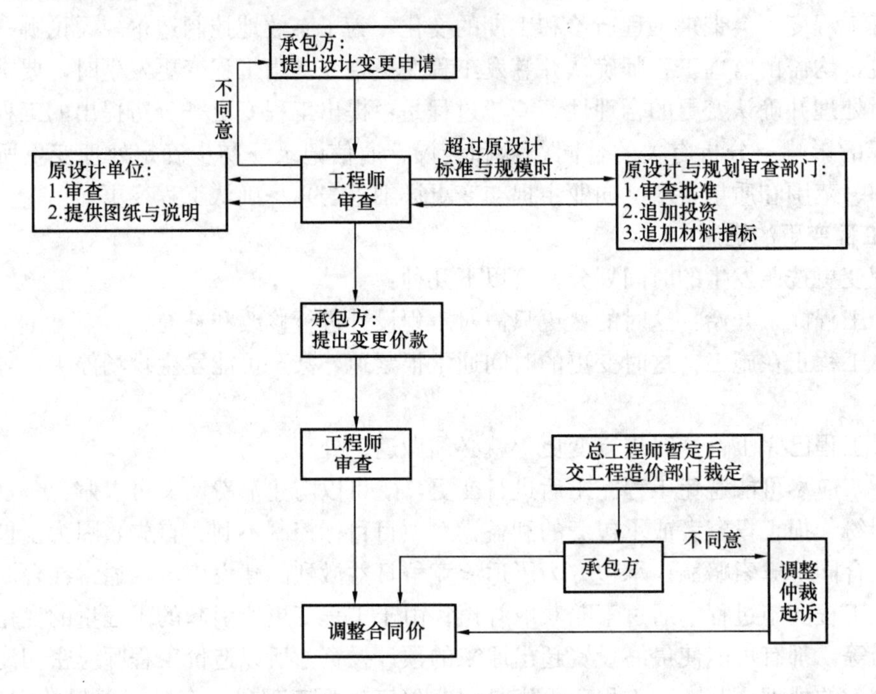

图 6-1 工程变更控制程序

1）施工中承包方不得擅自对原工程设计进行变更。因乙方擅自变更设计发生的费用和由此导致甲方的直接损失，由乙方承担，延误的工期不予顺延。

2）承包方在施工中提出的合理化建议涉及设计图纸或施工组织设计的更改及对原材料、设备的换用，须经监理工程师同意。未经同意擅自更改或换用时，承包方承担由此发生的费用，并赔偿甲方的有关损失，延误的工期不予顺延。

3）监理工程师同意采用承包方的合理化建议，所发生的费用和获得的收益，双方另行约定分担或分享。

工程变更程序一般由合同规定，最好的变更程序是在变更执行前，双方就办理工程变更中涉及的费用增加和造成损失的补偿协议，以免因费用补偿的争议影响工程的进度。

6. 工程变更价款的计算方法

工程变更价款的确定应在双方协商的时间内，由承包商提变更价格，报监理工程师批准后方可调整合同价或顺延工期。造价工程师对承包方所提出的变更价款，应按照有关规定进行审核、处理，主要有：

（1）承包方在工程变更确定后14天内，提出变更工程价款的报告，经监理工程师确认后调整合同价款。变更合同价款按下列方法进行：

1）已标价工程量清单中有适用于变更工程项目的，采用该项目的单价；

2）已标价工程量清单中没有适用但有类似于变更工程项目的，可在合理范围内参照类似项目的单价；

3）已标价工程量清单中没有适用也没有类似于变更工程项目的，由承包方根据变更工程资料、计量规则和计价办法、工程造价管理机构发布的信息价格和承包人报价浮动率提出变更工程项目的单价，报发包人确认后调整。

（2）承包方在双方确定变更后14天内不和工程师提出变更工程报告时，可视该项变更不涉及合同价款的变更。

（3）监理工程师收到变更工程价款报告之日起14天内，应予以确认。监理工程师无正当理由不确认时，自变更价款报告送达之日起14天后变更工程价款报告自行生效。

（4）监理工程师不同意承包方提出的变更价款，可以和解或者要求有关部门（如工程造价管理部门）调解。和解或调解不成的，双方可以采用仲裁或向法院起诉的方式解决。

（5）监理工程师确认增加的工程变更价款作为追加合同价款，与工程款同期支付。

（6）因承包方自身原因导致的工程变更，承包方无权追加合同价款。

7. 工程变更申请

在工程项目管理中，工程变更通常要经过一定的手续，如申请、审查、批准、通知等。申请表的格式和内容可根据具体工程需要设计。也可以直接使用监理表格中相应的格式。对国有资金投资项目，施工中发包人需对原工程设计进行变更，如设计变更涉及概算调增的，应报原概算批复部门批准，其中涉及新增财政性投资的项目应商同级财政部门同意，并明确新增投资的来源和金额。承包人按照发包人发出并经原设计单位同意的变更通知及有关要求进行变更施工。

8. 工程变更中应注意的问题

（1）监理工程师的认可权应合理限制

在国际承包工程中，业主常常通过监理工程师对材料的认可权，提高材料的质量标准；对设计的认可权，提高设计质量标准；对施工的认可权，提高施工质量标准。如果施工合同条文规定比较含糊，他就变为业主的修改指令，承包商应办理业主或监理工程师的书面确认，然后再提出费用的索赔。

（2）工程变更不能超过合同规定的工程范围

工程变更不能超出合同规定的工程范围。如果超过了这个范围，承包商有权不执行变更或坚持先商定价格，后进行变更。

（3）变更程序的对策

国际承包工程中，经常出现变更已成事实后，再进行价格谈判，这对承包商很不利。当遇到这种情况时可采取以下对策：

1）控制施工进度，等待变更谈判结果。这样不仅损失较小，而且谈判回旋余地较大；

2）争取以计时工或按承包商的实际费用支出计算费用补偿。也可采用成本加酬金的方法计算，避免价格谈判中的争执；

3）应有完整的变更实施的记录和照片，并由监理工程师签字，为索赔作准备。

（4）承包商不能擅自做主进行工程变更

对任何工程问题，承包商不能自作主张进行工程变更。如果施工中发现图纸错误或其他问题需进行变更，应首先通知监理工程师，由监理工程师上报业主，经同意或通过变更程序后再进行变更。否则，不仅得不到应有的补偿，还会带来不必要的麻烦。

（5）承包商在签订变更协议过程中须提出补偿问题

在商讨变更工程、签订变更协议过程中，承包商必须提出变更索赔问题。在变更执行前就应对补偿范围、补偿方法、索赔值的计算方法、补偿款的支付时间等问题双方达成一致的意见。

（二）工程变更引起的合同价款调整操作实务

在工程实践中，工程变更是项目投资失控的关键因素，发承包双方应将变更管理作为风险管理的重点内容。工程量清单计价模式下，工程变更管理的关键问题主要是工程变更价款的确定以及工程变更估价程序（图 6-2）。

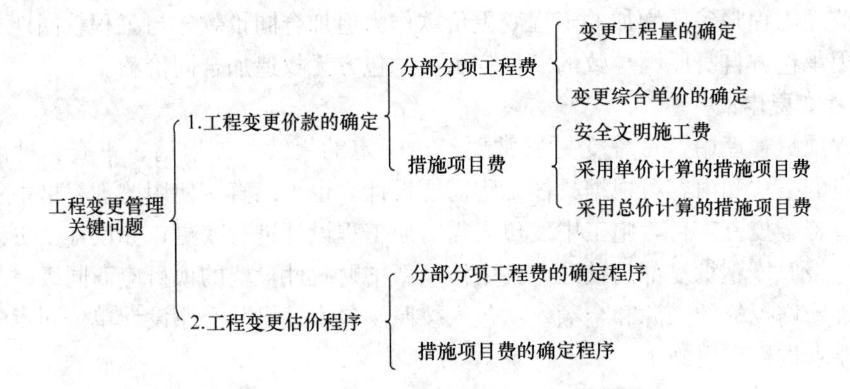

图 6-2 工程变更价款重要环节示意图

工程变更分部分项工程费＝变更量×变更综合单价

1. 变更量的确定

2013 版《规范》沿用了 2008 版《规范》关于工程变更量的确定的规定，即应按照承包人在变更项目中实际完成的工程量计算（表 6-2）。

新旧规范对工程变更量规定对比表 **表 6-2**

2008 版《规范》	2013 版《规范》
第 4.5.3 条：工程计量时，若发现工程量清单中出现漏项、工程量计算偏差，以及工程变更引起工程量的增减	单价合同计量：条款 8.2.2 施工中进行工程计量，当发现招标工程量清单中出现缺项、工程量偏差，或因工程变更引起的工程量的增减时，应按承包人在履行合同义务中完成的工程量计算。 总价合同计量：条款 8.3.2 采用经审定批准的施工图纸及其预算方式发包形成的总价合同，除按照工程变更规定的工程量增减外，总价合同各项目的工程量应为承包人用于结算的最终工程量

2. 变更综合单价的确定

2013 版《规范》中关于变更单价的确定依然沿用 2008 版《规范》中“有适用”、“有类似”和“无适用或类似”三种变更估价原则。

不同点在于对三类估价原则的具体内容进行了细化，并扩大了变更定价原则的适用外延，即“项目特征描述错误”、“工程量清单缺项”以及“工程量偏差”引起的价款调整均参照三类估价原则确定综合单价。

三种变更估价的原则适用于新增项目综合单价的确定，并是以已标价工程量清单为依据的。

1）已标价工程量清单中有适用于变更工程项目的，采用该项目的单价；但当工程变更导致该清单项目的工程数量发生变化，且工程量偏差超过 15%，此时，该项目单价应按照本规范第 9.6.2 条的规定调整。

2）已标价工程量清单中没有适用、但有类似于变更工程项目的，可在合理范围内参照类似项目的单价。

3）已标价工程量清单中没有适用也没有类似于变更工程项目的，由承包人根据变更工程资料、计量规则和计价办法、工程造价管理机构发布的信息价格和承包人报价浮动率提出变更工程项目的单价，报发包人确认后调整。承包人报价浮动率可按下列公式计算：招标工程：承包人报价浮动率 $L=(1-中标价/招标控制价)\times100\%$；非招标工程：承包人报价浮动率 $L=(1-报价值/施工图预算)\times100\%$ 。

4）已标价工程量清单中没有适用也没有类似于变更工程项目，且工程造价管理机构发布的信息价格缺价的，由承包人根据变更工程资料、计量规则、计价办法和通过市场调查等取得有合法依据的市场价格提出变更工程项目的单价，报发包人确认后调整。

条款 9.6.2 对于任一招标工程量清单项目，当因本条规定的工程量偏差和第 9.3 节规定的工程变更等原因导致工程量偏差超过 15%时，可进行调整。当工程量增加 15%以上时，增加部分的工程量的综合单价应予调低；当工程量减少 15%以上时，减少后剩余部分的工程量的综合单价应予调高。

（1）已有适用子目综合单价的确定

合同中已有适用单价的变更，就是指该项目变更应同时符合以下特点：

1）变更项目与合同中已有项目性质相同，即两者的图纸尺寸、施工工艺和方法、材质完全一致；

2）变更项目与合同中已有项目施工条件一致；

3）变更工程的增减工程量在执行原有单价的合同约定幅度范围内；

4）合同已有项目的价格没有明显偏高或偏低；

5）不因变更工作增加关键线路工程的施工时间。

这类变更主要体现为工程量清单原有工程量的改变，即在合同约定幅度内增加或减少。

按 2013 版《规范》的规定，已标价工程量清单中有适用于变更工程项目的，采用该项目的单价。按合同中已有的综合单价确定时包括两种情况：

① 工程量的变化

由于设计图纸深度不够或者业主编写工程量清单时的工程量编写错误，导致在实施过程中工程量产生变化，且变化幅度在15%以内，这种情况不改变合同标的物，不构成变更，执行原合同单价。

② 工程量的变更

在工程项目建设过程中，由于工程变更造成合同中已有某些工作的工程量单纯的进行增减，且变化幅度在15%以内，这种变更的综合单价执行原合同单价。

2013版《规范》9.3.1条中规定：但当工程量变更导致该项目清单工程数量发生变化，且工程量偏差超过15%时，该项目单价应按照本规范第9.6.2条的规定调整。

其实是清单增加了对承包商不平衡报价防范的条款的理解要点：

A. 此条款针对已标价工程量清单存在适用项目以及类似项目的情形；

B. 若已标价工程量清单中适用或类似项目单价与招标控制价项目清单项目单价偏差幅度超过15%时，已标价工程量清单中的适用或类似项目不能作为变更项目综合单价；

C. 由发承包双方重新确定此类变更项目综合单价，但是确定方法2013版《规范》并未规定，发承包双方可在合同中约定。

【案例6-1】某电厂进行某扩建工程，此项目采用EPC总承包模式，EPC总承包方为某电力咨询公司与某电力设计院组成的联合体，承建方为某电力建设公司。在施工过程中，和厂区道路部分有几处垂直交叉的地方。和厂区道路交叉的部分称为“过马路段”，“过马路段”的道路管道总长40m。

在招标阶段，EPC总承包方在清单项目特征描述中规定，厂区道路上行驶的多为载重汽车，因此在“过马路段”要求回填中粗砂，以缓冲上面传来的动荷载，工程量约为40m，其余部分回填土（夯填），工程量约为221m。并且签订合同后合同附件中工程量清单也有此规定。因此，在投标报价阶段，为了能够中标，建设方就对中粗砂的价格报得相对较低，同时为了竣工结算时获得更多的收益提高了夯填土的报价 。中粗砂比回填土报价每立方米多70元。

但实际施工中，考虑到工程性质以及工程周围环境，同时考虑到工程位置靠近长江，取河沙比异地取土方便且质量更好，因此EPC总承包方最终决定所有管道回填全用中粗砂，最终中粗砂回填工程量增加了3万m^3。

竣工结算时，EPC总承包方认为，原清单中有3万m^3的回填砂清单项目，工程量并没有发生变化，中粗砂比回填土报价每立方米多70元应补偿承包商70×30000＝210万元。

而承建方认为，由于变更后增加的工程量太大，远远超过15%，且在施工期间，中粗砂的价格呈上涨趋势，认为应重新组价，组价后中粗砂报价比原报价多37元/m^3。最终补偿承包商(70＋37)×30000≈320万元。

竣工结算时，工程量变化是否超过15%成为双方争议的一个焦点。

【解析】2013版《规范》9.3.1条规定：已标价工程量清单中有适用于变更工程项目的，应采用该项目的单价；但当工程变更导致该清单项目的工程数量发生变化，且工程量偏差超过15%，此时，该项目单价应按照本规范9.6.2条的规定调整。第9.6.2条规定的调整原则为：当工程量增加15%以上时，其增加部分的工程量的综合单价应予以调低；当工程量减少15%以上时，减少后剩余部分的工程量的综合单价应予调高。

在本案例中，承建方认为3万m^3属于工程量增加15%以上的情形，应进行综合单价的调整，应在原报价基础上增加 37 元；而 EPC 总承包方认为 3 万 m^3 本身就属于原清单项目，不是增加的工程量，所以应该套用原中粗砂的报价。

根据 2013 版《规范》的规定以及本案例的实际背景，可以认为 EPC 总承包方的说法是正确的。因为 EPC 总承包方的此项变更只是将原清单项目中 3 万 m^3 的原回填土部分换为回填砂，并未改变原清单项目工程量，并且回填砂在清单中有相应的综合单价，所以应该直接套用。并且值得注意的是，即使承建方的说法是正确的，其计算也存在问题，调整新单价部分只是超过工程量 15%的部分，在 15%以内的部分仍应套用原中粗砂单价。

（2）有类似子目综合单价的确定

合同中有类似单价的变更，就是指该项目变更应符合以下特点之一：

1）变更项目与合同中已有的工程量清单项目，两者的材质改变，但是人工、材料、机械消耗量不变，施工方法、施工条件不变。如混凝土强度等级的变化。

2）变更项目与合同中已有的工程量清单项目，两者的施工图纸改变，但是施工方法、施工条件、材料不变。如找平层厚度的改变。

3）对于合同中有类似单价的变更，其变更不得增加关键线路工程的施工时间，也不得存在明显的不平衡报价。

2013 版《规范》规定：已标价工程量清单中没有适用、但有类似于变更工程项目的，可在合理范围内参照类似子目的单价；

此类变更主要包括以下两种情形：

① 变更项目与合同中已有的工程量清单项目，两者的施工图纸改变，但是施工方法、材料、施工环境不变。可以采用两种方法确定变更项目综合单价：比例分配法与数量插入法。

A. 比例分配法：在这种情况下，变更项目综合单价的组价内容没有变，只是人材机的消耗量按比例改变。具体确定方法如下：单位变更工程的人工费、机械费、材料费的消耗量按比例进行调整，人工单价、材料单价、机械单价不变；变更工程的管理费及利润执行原合同确定的费率。

在此情形下，变更项目综合单价＝投标综合单价×调整系数。

【案例 6-2】某堤防工程挖在方、填方以及路面三项细目合同的工程量清单表中，泥结石路面原设计为厚 20cm，其单价为 24 元/m^2。现进行设计变更为厚 22cm。那么变更后的路面单价是多少？

【解析】由于施工工艺、材料、施工条件均未发生变化，只改变了泥结石路面的厚度，所以只将泥结石路面的单价按比例进行调整即可。

按上述原则可求出变更后路面的单价为：24×22/20＝26.4 元/m^2。

B. 数量插入法：数量插入法是不改变原项目的综合单价，确定变更新增部分的单价，原综合单价加上新增部分的单价得出变更项目的综合单价。变更新增部分的单价是测定变更新增部分人、材、机成本，以此为基数取管理费和利润确定的单价。

变更项目综合单价＝原项目综合单价＋变更新增部分的单价

变更新增部分的单价＝变更新增部分净成本×(1＋管理费率＋利润率)

【案例 6-3】某合同中沥青路面原设计为厚 5cm，其单价为 160 元/m^2。现进行设计变更，沥青路面改为厚 7cm。经测定沥青路面增厚 1cm 的净成本是 30 元/m^2，测算原综合单价的管理费率为0.06，利润率为0.05，那么调整后的单价是多少？

【解析】 变更新增部分的单价＝30×(7－5)×(1＋0.06＋0.05)＝ 66.6元/m²

调整后的单价为30×2×(1＋0.06＋0.05)＋160＝226.6元/m²

② 变更项目与合同中已有项目两者材质改变，而人工、材料、机械消耗量及施工法、施工环境相同。在此情形下，由于变更项目只改变材料，因此变更项目的综合单价只需将原有项目综合单价中材料的组价进行替换，替换为新材料组价，即变更项目的人工费、机械费执行原清单项目的人工费、机械费；单位变更项目的材料消耗量执行报价清单中的消耗量，对报价清单中的材料单价可按市场价信息价进行调整；变更工程的管理费执行原合同确定的费率。

变更项目综合单价＝报价综合单价＋(变更后材料价格－合同中的材料价格)×清单中材料消耗量。

【案例6-4】 某建筑物施工过程中，其结构所使用的混凝土标号发生改变，由原来的C15混凝土变为C20的混凝土，如何确定变更后的综合单价？

【解析】 本题中所使用的混凝土材质发生了变化，但是其人、材、机消耗量定额并没有发生变化，即可参照原类似项目的综合单价，换出C15混凝土的价格，换入C20混凝土的价格，即变更项目综合单价＝原合同类似项目的已标价综合单价＋(C20混凝土材料价格－合同中C15混凝土的材料价格)×清单中材料消耗量。

(3) 有类似子目综合单价的确定

合同中没有适用类似单价的变更，就是指该项目变更应符合以下特点之一：

1) 变更项目与合同中已有的项目性质不同，因变更产生新的工作，从而产生新的单价，原清单中单价已无法套用；

2) 因变更导致施工环境不同；

3) 变更工程的增减工程量、价格在执行原有单价的合同约定幅度之外；

4) 承包商对原合同项目单价采用明显的不平衡报价；

5) 变更工作增加了关键线路工程的施工时间。

2013版《规范》规定：已标价工程量清单中没有适用也没有类似于变更工程项目的，由承包人根据变更工程资料、计量规则和计价办法、工程造价管理机构发布的价格信息和承包人报价浮动率提出变更工程项目的单价，报发包人确认后调整。已标价工程量清单中没有适用也没有类似于变更工程项目的，且工程造价管理机构发布的信息价格缺价的，由承包人根据变更工程资料、计量规则、计价办法和通过市场调查等取得有合法依据的市场价格提出变更工程项目的单价，报发包人调整后确认。对于原清单中无使用或类似子目的综合单价的确定，九部委56号令中的估价原则是可按照“成本加利润”原则，由监理人商定或确定变更工作的单价。

成本的确定采用定额组价法，由承包人根据国家或地方颁布的定额标准和相关的定额计价根据及当地建设主管部门的有关文件规定编制变更工程项目的预算单价，利润根据行业利润率确定。

但运用“成本加利润”原则确定综合单价会使得一部分本应由承包人承担的风险转移到发包人，这是由于承包人在进行投标报价时中标价往往是低于招标控制价的，其中一部分是承包人为了低价中标自愿承担的让利风险；另一部分是承包人实际购买和使用的材料价格往往低于市场上的询价价格，承包人承担的正常价差风险。对于此类情况 2013 版《规范》引入了报价浮动率的概念，变更综合单价确定的过程见图 6-3。

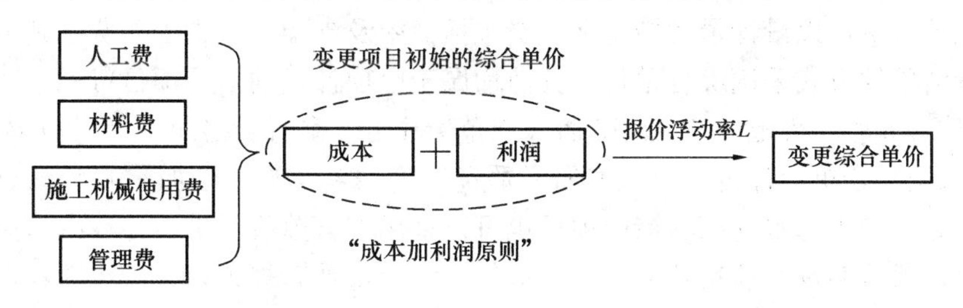

图 6-3 变更综合单价确定过程示意图

成本和利润的确定：由承包人根据变更工程资料、计量规则和计价办法、工程造价管理机构发布的信息价格（若工程造价管理机构发布的信息价格缺价的，由承包人通过市场调查等取得有合法依据的市场价格）确定。

报价浮动率的确定：

招标工程：报价浮动率=(1−中标价/招标控制价)×100%

非招标工程：报价浮动率=(1−报价/施工图预算)×100%

因为现在我国很多工程的合同是按 FIDIC 合同条件签订的，所以工程人员需要了解：

1999 新红皮书中的合同条件发生工程变更时，可以调整综合单价的情形：

① 此项工作实际计量的工程量比工程量清单或其他报表中规定的工程量的变动大于 10%；

② 工程量的变更与对该项工作规定的单价的乘积超过了接受的合同价款的 0.01%；

③ 由此工程量的变更直接造成该项工作每单位工程量费用的变动超过 1%。

FIDIC 合同条件下新单价确定的"三步曲"：

第一步：按原单价支付。变更指令要求按报价书中的 BQ 表中的单价支付。BQ 表中的单价一般较低，但是工程"变更指令"所要求的工作一般是计划外，甚至合同工作范围以外的，因此承包商需要提出执行新单价的理由；

第二步：参照原单价修订。工程师在变更指令中要求承包商实施的工作，在报价书 BQ 表中没有此项工作，可参照 BQ 表中类似工作的单价，加减一个百分比，作为指令的新工作单价；

第三步：确定新单价。没有类似的施工单价可据以修订套用，满足确定新单价的合同条件。

重新确定变更项目单价时一般有两种方法：工料单价法和综合单价法，一般采用综合单价计算方法，由承包人按照成本加利润的原则提出新的综合单价，经发、承包双方协商一致后执行即：

综合单价=工料单价+管理费+利润=工料单价×(1+管理费率)×(1+利润率)。

(4) 措施项目费的确定

2008 版《规范》将措施项目分为通用措施项目和专业措施项目。通用措施项目包括：安全文明施工；夜间施工、二次搬运、冬雨季施工、大型机械设备进出场及安拆；施工排水；施工降水；地上、地下设施，建筑物的临时保护设施；已完工程及设备保护。专业措施项目是按照专业工程的不同进行分类。

2008 版《规范》中措施项目费按照计量规则的不同分为以量计量的措施项目和以项计量的措施项目费，以量计量的措施项目费包括模板及支架费、脚手架费，其可以用分部分项工程量清单的方式采用综合单价，其他均属于以项计量的措施项目费。

相比于 2008 版《规范》，在 2013 版《规范》中除了脚手架工程、混凝土模板及支架(撑）可以采用综合单价计价，而且增加了垂直运输、超高施工增加、大型机械设备进出场及安拆、施工排水降水这四项措施项目也可以采用综合单价计价，并且在清单中列出了其项目编码、项目名称、项目特征、计量单位、工程量计算规则以及工作内容，这更有利于措施项目费的确定和调整。并且 2013 版《规范》对于用总价计量的措施项目也进行了项目编码，详细列出了其工作内容及包含范围。

新旧《规范》中对工程变更措施项目费的规定对比：

新旧《规范》对工程变更措施项目费规定对比汇总表　　表 6-3

2008 版《规范》		2013 版《规范》	
条款	条文规定	条款	条文规定
4.7.4	因分部分项工程量清单漏项或非承包人原因的工程变更，引起措施费项目发生变化，造成施工组织设计或施工方案变更，原措施费中已有的措施项目，按原措施费的组价方法调整；原措施费中没有的措施项目，由承包人根据措施项目变更情况，提出适当的措施费变更，经发包人确认后调整	9.3.2	工程变更引起施工方案改变并使措施项目发生变化的，承包人提出调整措施项目费的，应事先将拟实施的方案提交发包人确认，并应详细说明与原方案措施项目相比的变化情况。拟实施的方案经发承包双方确认后执行，并应按照下列规定调整措施项目费： 1. 安全文明施工费，应按照实际发生变化的措施项目依据本规范第 3.1.5 条的规定计算。 2. 采用单价计算的措施项目费，应按照实际发生变化的措施项目，按本规范第 9.3.1 条的规定确定单价。 3. 按总价（或系数）计算的措施项目费，按照实际发生变化的措施项目调整，但应考虑承包人报价浮动因素，即调整金额按照实际调整金额乘以本规范第 9.3.1 条规定的承包人报价浮动率计算。 如果承包人未事先将拟实施的方案提交给发包人确认，则应视为工程变更不引起措施项目费的调整或承包人放弃调整措施项目费的权利

措施项目调整的过程：根据 2013 版《规范》中条款 9.3.2、9.5.2、9.5.3 的规定确定变更发生后措施项目费的调整程序（图 6-4)。

2013 版《规范》新增条款 9.3.2 内容：如果承包人未事先将拟实施的方案提交给发包人确认，则应视为工程变更不引起措施项目费的调整或承包人放弃调整措施项目费的权力。

① 采用单价计算的措施项目费的确定方法

采用单价计算的措施项目包括 6 项，分别是：脚手架费；混凝土模板及支架（撑）费；垂直运输费；超高施工增加费；大型机械设备进出场及安拆费；施工排水、降水费。

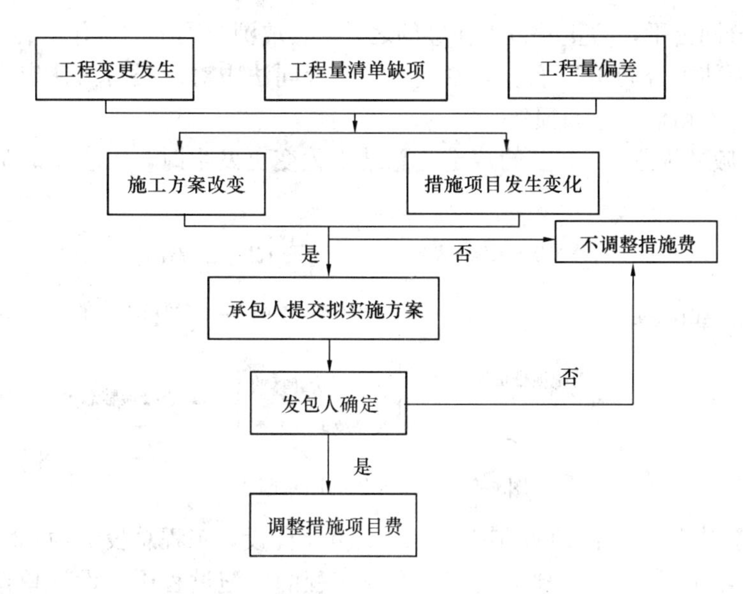

图 6-4　变更发生后措施项目费调整程序

按 2013 版《规范》规定，此类费用确定方法与工程变更分部分项工程费的确定方法相同。

② 采用总价计算的措施项目费的确定方法

采用总价计算的措施项目包括：夜间施工增加费；非夜间施工照明费；二次搬运费；地上、地下设施、建筑物的临时保护设施费；已完工程及设备保护费。

当工程变更引起施工按照实际发生变化的措施项目调整，但应考虑承包人的报价浮动因素，即调整金额按照实际调整金额乘以报价浮动率计算。按照 2013 版《规范》规定，此类变更项目费用确定方法如下，即：

调整后的措施项目费＝工程量清单中填报的措施项目费±变更部分的措施项目费×承包人报价浮动率

③ 安全文明施工费的确定方法

安全文明施工费是由《建筑安装工程费用项目组成》中措施费所含的环境保护费、文明施工费、安全施工费、临时设施费组成。2013 版《规范》单独考虑安全文明施工费安全文明施工费的确定方法如下，即：安全文明施工费按照实际发生变化的措施项目按本规范 3.1.5 条规定调整。

条款 3.1.5：措施项目中的安全文明施工费必须按国家或省级、行业建设主管部门的规定计算，不得作为竞争性费用。

计算方法：

当工程量变化导致计取基数（如分部分项工程费）的增加或者减少一定幅度（比如 10%）时，安全文明施工费按照计取基数增加或者减少的比例（10%）进行据实调整。

安全文明施工费费率和基数应按照各省市规定计算。

9.3.3 当发包人提出的工程变更因非承包人的原因删减了合同中的某项原定工作或工程，致使承包商发生的费用或（和）得到的收益不能被包括在其他已经支付或应支付的项目中，也未被包含在任何替代的工作或工程中时，承包人有权提出并应得到合理的费用及利润补偿。

为了维护合同公平，防止发包人在签约之后擅自取消合同中的工作，转由发包人或其他承包人实施而使本合同工程承包人蒙受损失。合同法中对此类行为认定为是发包人违约，因此由发包人赔偿承包人损失。

根据2013版《规范》9.3节的规定，总结工程变更发生时，工程价款的调整因素见图6-5。

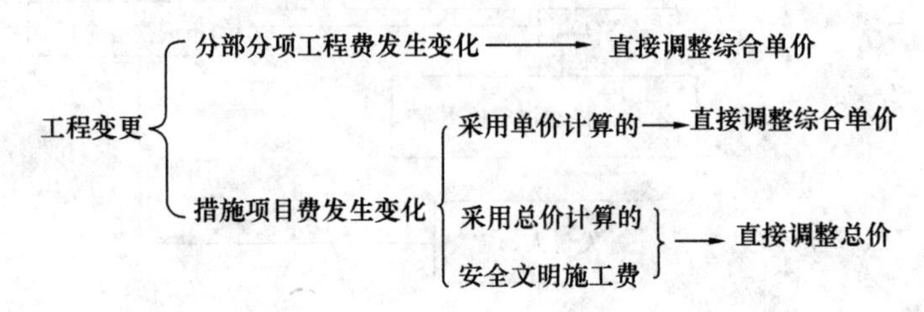

图6-5 工程价款的调整因素

【案例6-5】 某大桥，于2000年10月20日开工建设，工程总投资约53亿元，工期5年，预计2005年10月1日前建成通车。在该工程的实施过程中，设计单位为了降低造价，对大桥的主塔桩基础进行了优化设计。具体变更情况为：将原设计为直径2.8m的钻孔灌注桩，投标单价为11682.92元/m，该清单项目总价为50330019元。招标结束后，实际施工开始前，经设计单位优化设计，上部结构重量减少，桩基直径相应做了调整，钻孔桩的直径调整为2.5m，对这一变更，承包人提出了调整清单支付单价，并且重新编制了预算，在桩的总长度不变、桩径缩小的情况下，提出了变更单价为18750.89元/m，清单项目总价为80778824元。总监办认为，在桩径缩小的情况下，承包人提高单价的做法有恶意索赔的嫌疑。

针对该项设计变更，在原有的工程量清单中已有适用于该项的单价组成，因此为第一类的变更价款确定情况。

原投标单价组成（元）：

405-1	2.8m水上钻孔灌注桩	成孔	水下C30混凝土	钢护筒及平台
	11682.92	5734.84	2759.34	3188.74

变更发生后，承包人提出的新单价组成（元）：

405-1	2.5m水上钻孔桩	成孔	水下C30混凝土	钢护筒	平台
	18750	7745	5243.77	3001.13	2760

针对承包商提出的单价变更情况，业主方提出了异议：

① 由直径2.8m变更为2.5m，施工难度降低，根据施工经验，难度系数是跟着直径的二次方成正比的，保守的估计，也应该是直径的大小成正比的。但考虑变更因为由业主提出，对承包人的机具准备、施工方案造成了影响，因此，钻孔拟根据直径的一次方进行同比计算，即5734.84×2.5/2.8=5120.39元。

② 水下30号混凝土，因为直径变小，所用混凝土数量之比为直径的二次方之比，即2759.34×(2.5×2.5)/(2.8×2.8)=2199.73元/m。

③ 在进行新的综合单价调整时应考虑桩径缩小，护筒的用量也缩小，测算应减少

10%的护筒量，应该同样予以扣除；平台因整个群桩范围没有缩小，因桩径缩小，对平台的工程量基本没有影响，因此不予扣除。但是承包人提出了，因为桩径缩小，按照现在方案计算，造成承包人原应有利润降低，原来摊在桩基混凝土单价中的拌和船因混凝土工程量减小，摊销费增加。为了做到处理变更工程的公正合理，考虑承包人提出的合理因素影响，经过最终谈判，决定对钢护筒的费用不予折减，承包人亦不对水上拌和船和利润降低提出索赔。

经过双方的反复磋商与谈判形成了新的综合单价：

405-1	2.5 米水上钻孔桩	成孔	水下 C30 混凝土	钢护筒及平台
	10508.86	5120.39	2199.73	3188.74

由题中可知桩工程量为$\frac{50330019}{11682.92}=4308\text{m}$。

在以新的综合单价为计算基础的情况下，该清单项目总价为 $10508.86\times4308=45272169$ 元，比原来的 2.8m 钻孔桩节约造价 5057850 元。

七、工程量清单计价规范下的工程索赔操作实务

（一）索赔的概述

1. 索赔的概念

2013版《规范》中2.0.23条规定：在工程合同履行过程中，合同当事人一方因非己方的原因而遭受损失，按合同约定或法规规定应由对方承担责任，从而向对方提出补偿的要求。

索赔是工程承包中经常发生的正常现象。由于施工现场条件、气候条件的变化，施工进度、物价的变化，以及合同条款、规范、标准文件和施工图纸的变更、差异、延误等因素的影响，使得工程承包中不可避免地出现索赔。

对于施工合同的双方来说，索赔是维护自身合法利益的权利。它同合同条件中双方的合同责任一样，构成严密的合同制约关系。承包商可以向业主提出索赔，业主也可以向承包商提出索赔，索赔是双向的。在实际施工过程中，多是承包商向业主提出索赔。

索赔的性质属于经济补偿行为，而不是惩罚。称为“索补”可能更容易被人们所接受，工程实际中一般多称为“签证申请”。只有先提出了“索”才有可能“赔”，如果不提出“索”就不可能有“赔”。

2. 索赔的作用

索赔的性质属于经济补偿行为，而不是惩罚。索赔的损失结果与被索赔人的行为并不一定存在法律上的因果关系。索赔工作是承发包双方之间经常发生的管理业务，是双方合作的方式，而不是对立的。经过实践证明，索赔的健康开展对于培养和发展社会主义建设市场，促进建筑业的发展，提高工程建设的效益，起着非常重要的作用：

（1）有利于促进双方加强内部管理，严格履行合同；

（2）有助于双方提高管理素质，加强合同管理，维护市场正常秩序；

（3）有助于双方更快地熟悉国际惯例，熟练掌握索赔和处理索赔的方法与技巧；

（4）有助于对外开放和对外工程承包的开展；

（5）有助于政府部门转变职能，使双方依据合同和实际情况实事求是地协商工程造价和工期，从而使政府部门从繁琐的调整概算和协调双方关系等微观管理工作中解脱出来；

（6）有助于工程造价的合理确定，可以把原来的工程报价中的一些不可预见费用，改为实际发生的损失支付，便于降低工程报价，使工程造价更为真实。

3. 索赔的起因

索赔主要由以下几个方面引起：

（1）由现代承包工程的特点引起

现代承包工程的特点是工程量大、投资大、结构复杂、技术和质量要求高、工期长

等。再加上工程环境因素、市场因素、社会因素等影响工期和工程成本。

(2) 合同内容的有限性

施工合同是在工程开始前签订的，不可能对所有问题作出预见和规定，不可能对所有的工程问题作出准确的说明。另外，合同中难免有考虑不周的条款，有缺陷和不足之处，如措辞不当、说明不清楚等，都会导致合同内容的不完整性。

上述原因会导致双方在实施合同中对责任、义务和权力的争议，而这些争执往往都与工期、成本、价格等经济利益相联系。

(3) 应业主要求

业主可能会在建筑造型、功能、质量、标准、实施方式等方面提出合同以外的要求。

(4) 各承包商之间的相互影响

完成一个工程往往需若干个承包商共同工作。由于管理上的失误或技术上的原因，当一方失误时不仅会造成自己的损失，而且还会殃及其他合作者，影响整个工程的实施。因此，在总体上应按合同条件，平等对待各方利益，坚持“谁过失，谁赔偿”的原则，进行索赔。

(5) 对合同理解的差异

由于合同文件十分复杂，内容又多，双方看问题的立场和角度不同，会造成对合同权利和义务的范围界限划分的理解不一致，往往造成合同上的争执，引起索赔。

4. 索赔的条件

索赔是受损失者的权力，其根本目的在于保护自身利益，挽回损失，避免亏本。要想取得索赔的成功，提出索赔要求必须符合以下基本条件：

(1) 客观性

是指客观存在不符合合同或违反合同的干扰事件，并对工程的工期和成本造成影响。这些干扰事件还要有确凿的证据证明来支持。

(2) 合法性

当施工过程产生的干扰，非自身责任引起时，按照合同条款由对方给予补偿。索赔要求必须符合本工程施工合同的规定。合同法律文件，可以判定干扰事件的责任由谁承担、承担什么样责任、应赔偿多少等。所以，不同的合同条件，索赔要求具有不同的合法性，因而会产生不同的结果。

(3) 合理性

是指索赔要求应合情合理，符合实际情况，真实反映由于干扰事件引起的实际损失、采用合理的计算方法等。承包商不能为了追求利润，滥用索赔，或者采用不正当手段搞索赔，否则会产生以下不良影响：

1) 合同双方关系紧张，互不信任，不利于合同的继续实施和双方的进一步合作；

2) 承包商信誉受损，不利于将来的继续经营活动。在国际工程承包中，不利于在工程所在国继续扩展业务。任何业主在招标中都会对上述承包商存有戒心，敬而远之；

3) 会受到处罚。在工程施工中滥用索赔，对方会提出反索赔的要求。如果索赔违反法律，还会受到相应的法律处罚。

综上所述，承包商应该正确地、辩证地对待索赔问题。

5. 工程变更与工程索赔的区别与联系（表 7-1）

工程变更和工程索赔的区别与联系 表 7-1

	比较内容	工程变更	工程索赔
相同点	变更与索赔对项目目标顺利实现的影响都很大，其依据都是合同文件，都涉及工期和费用的改变，都是承包商获取额外利润的主要手段		
不同点	含义	工程变更是指业主、其代理人或承包商等在合同实施过程中根据实际工程情况的需要，提出改变合同项目中某项工作的要求	索赔是指承包商在合同实施过程中根据合同及法律规定，对并非由于自己的过错，并且属于应由业主承担责任的情况所造成的实际损失，向业主或代理人提出请求给予补偿的要求
	性质	工程变更是合同价款支付的延续行为，主要由合同约束事件构成。单向性、不可逆的。工程变更的权力在发包人，承包人无权作任何工程变更	索赔是经济补偿行为，主要由合同意外事件构成。双向性、可逆的。提醒承包人在工程承包实践中对索赔要慎重，切不可轻率
	经济补偿费用组成	补偿的费用包括净成本、管理费、利润、担保和保险等	索赔费用一般是承包商实际发生的费用，除了因变更引起的索赔可计利润外其他类型索赔不能计利润
	计价方法	按综合单价计价 （1）合同中已有适用于变更工程的价格，可以按合同已有价格计算变更的合同价款； （2）合同中只有类似于变更工程的价格，可以参照类似价格变更合同价款； （3）合同中没有适用或类于变更工程的价格，由承包人提出适当的变更价格经工程师确认后执行	一般按实际损失计价，包括实际成本、税金，价格相对低廉。如延期窝工机械不能按机械台班费计价，只能按停置台班费或台班基本折旧费计算。计算方法要详尽，必须附有计算依据、计算过程的资料及原始凭证、票据等
	控制能力	相对较强的主动性，因为一般是经过谈判之后发生变更事件，变更各方对工程变更的相关调整取得一致意见之后，造成变更事实	相对较弱的主动性索赔是以问题为指向的，索赔事实发生之后承包商才向业主提出关于各项损失的补偿，是先发生事实之后再谈判
	程序	变更涉及各方容易达成一致意见，这是由于工程变更所涉及的项目一般是可以证明以及可以计量的具体项目。处理时间一般相对较短	索赔涉及相关各方矛盾比较尖锐，难以达成一致意见，大多需要仲裁或者法院介入调节，因为索赔的相关项目难以实际计量。处理时间一般较长
	合同价格	发生工程变更不一定会使合同价格增加	若索赔成功会增加发包方的费用，并且会发生与工程成本无关的诉讼、争议、仲裁费用
	支付方式	工程变更的价款经工程师确认（发包人授权限额内的工程师确认，超出限额的须报发包人审核），列入同期支付	索赔因为处理程序复杂，需反复磋商、谈判最终达成解决，无法同期支付，一般为中期支付或最终支付
联系点	变更是导致索赔的主要原因，当变更无法协调时就上升为索赔或纠纷		

（二）索赔的分类

1. 按发生索赔的原因分类

由于发生索赔的原因很多，根据工程施工索赔实践，通常有：

（1）增加（或减少）工程量索赔；

（2）地基变化索赔；

（3）工期延长索赔；

（4）加速施工索赔；

（5）不利自然条件及人为障碍索赔；

（6）工程范围变更索赔；

（7）合同文件错误索赔；

（8）工程拖期索赔；

（9）暂停施工索赔：

（10）终止合同索赔；

（11）设计图纸拖交索赔；

（12）拖延付款索赔；

（13）物价上涨索赔；

（14）业主风险索赔；

（15）特殊风险索赔；

（16）不可抗拒天灾索赔；

（17）业主违约索赔；

（18）法令变更索赔等。

2. 按索赔的目的分类

就施工索赔的目的而言，施工索赔有两类范畴，即工期索赔和经济索赔。

（1）工期索赔

工期索赔就是承包商向业主要求延长施工的时间，使原定的工程竣工日期顺延一段合理的时间。如果施工中发生计划进度拖后的原因在承包商方面，如实际开工日期较监理工程师指令的开工日期拖后，施工机械缺乏，施工组织不善等。在这种情况下，承包商无权要求工期延长，唯一的出路是自费采取赶工措施把延误的工期赶回来。否则，必须承担误期损害赔偿费。如果施工中发生业主提供图纸延误等原因，造成工期延后，业主应给予承包商工期顺延。

（2）经济索赔

经济索赔就是承包商向业主要求补偿不应该由承包商自己承担的经济损失或额外开支，也就是取得合理的经济补偿。

承包商取得经济补偿的前提是：在实际施工过程中发生的施工费用超过了投标报价书中该项工作所预算的费用；而这些费用超支的责任不在承包商方面，也不属于承包商的风险范围。

具体地说，施工费用超支的原因，主要是两种情况：

（1）施工受到了干扰，导致工作效率降低；

（2）业主指令工程变更或额外工程，导致工程成本增加。

由于这两种情况所增加的施工费用，即新增费用或额外费用，承包商有权索赔。因此，经济索赔有时也被称为额外费用索赔，简称为费用索赔。

3. 按索赔的合同依据分类

这种分类法在国际工程承包界是众所周知的。它是在确定经济补偿时，根据工程合同文件来判断，在哪些情况下承包商拥有经济索赔的权利。

（1）合同规定的索赔

合同规定的索赔是指承包商所提出的索赔要求，在该工程项目的合同文件中有文字依据，承包商可以据此提出索赔要求，并取得经济补偿。这些在合同文件中有文字规定的合同条款，在合同解释上被称为明示条款，或称为明文条款。

（2）非合同规定的索赔

非合同规定的索赔亦被称为“超越合同规定的索赔”，即承包商的该项索赔要求，虽然在工程项目的合同条件中没有专门的文字叙述，但可以根据该合同条件的某些条款的含义，推论出承包商有索赔权。这一种索赔要求，同样有法律效力，有权得到相应的经济补偿。这种有经济补偿含义的合同条款，在合同管理工作中被称为“默示条款”，或称为“隐含条款”。

（3）道义索赔

这是一种罕见的索赔形式，是指通情达理的业主目睹承包商为完成某项困难的施工，承受了额外费用损失，因而出于善良意愿，同意给承包商以适当的经济补偿。因在合同条款中找不到此项索赔的规定。这种经济补偿，称为道义上的支付，或称优惠支付，道义索赔俗称为“通融的索赔”或“优惠索赔”。这是施工合同双方友好信任的表现。

4. 按索赔的有关当事人分类

（1）工程承包商同业主之间的索赔

这是承包施工中最普遍的索赔形式。在工程施工索赔中，最常见的是承包商向业主提出的工期索赔和经济索赔；有时，业主也向承包商提出经济补偿的要求，即“反索赔”。

（2）总承包商同分包商之间的索赔

总承包商是向业主承担全部合同责任的签约人，其中包括分包商向总承包商所承担的那部分合同责任。

总承包商和分包商，按照他们之间所签订的分包合同，都有向对方提出索赔的权利，以维护自己的利益，获得额外开支的经济补偿。

分包商向总承包商提出的索赔要求，经过总承包商审核后，凡是属于业主方面责任范围内的事项，均由总承包商汇总加工后向业主提出；凡属总承包商责任的事项，则由总承包商同分包商协商解决。有的分包合同规定：所有的属于分包合同范围内的索赔，只有当总承包商从业主方面取得索赔款后，才拨付给分包商。这是对总承包商有利的保护性条款，在签订分包合同时，应由签约双方具体商定。

（3）承包商同供货商之间的索赔

承包商在中标以后，根据合同规定的机械设备和工期要求，向设备制造厂家或材料供应商询价订货，签订供货合同。如果供货商违反供货合同的规定，使承包商受到经济损失时，承包商有权向供货商提出索赔，反之亦然。承包商同供货商之间的索赔，一般称为“商务索赔”，无论施工索赔或商务索赔，都属于工程承包施工的索赔范围。

5. 按索赔的处理方式分类

（1）单项索赔

单项索赔就是采取一事一索赔的方式，即在每一件索赔事项发生后，报送索赔通知书，编报索赔报告书，要求单项解决支付，不与其他的索赔事项混在一起。

单项索赔是施工索赔通常采用的方式。它避免了多项索赔的相互影响制约，所以解决起来比较容易。

（2）综合索赔

综合索赔又称总索赔，俗称一揽子索赔。即对整个工程（或某项工程）中所发生的数起索赔事项，综合在一起进行索赔。采取这种方式进行索赔，是在特定的情况下被迫采用的一种索赔方法。有时在施工过程中受到非常严重的干扰，以致承包商的全部施工活动与原来的计划大不相同，原合同规定的工作与变更后的工作相互混淆，承包商无法为索赔保持准确而详细的成本记录资料，无法分辨哪些费用是原定的，哪些费用是新增的，在这种条件下，无法采用单项索赔的方式。

综合索赔也就是总成本索赔，它是对整个工程（或某项工程）的实际总成本与原预算成本之差额提出索赔。

采取综合索赔时，承包商必须事前征得工程师的同意，并提出以下证明：

1）承包商的投标报价是合理的；

2）实际发生的总成本是合理的；

3）承包商对成本增加没有任何责任；

4）不可能采用其他方法准确地计算出实际发生的损失数额。

虽然如此，承包商应该注意，采取综合索赔的方式应尽量避免，因为它涉及的争论因素太多，一般很难成功。

6. 按索赔的对象分类

（1）索赔。是指承包商向业主提出的索赔。

（2）反索赔。是指业主向承包商提出的索赔。

（三）索赔的基本程序及其规定

1. 索赔的基本程序

在工程项目施工阶段，每出现一个索赔事件，都应按照国家有关规定、国际惯例和工程项目合同条件的规定，认真及时地协商解决，一般索赔程序见图 7-1。

2. 索赔时限的规定

（1）业主未能按合同约定履行自己的各项义务或发生错误以及应由业主承担责任的其他情况，造成工期延误和（或）承包商不能及时得到合同价款及承包商的其他经济损失，承包商可按下列程序以书面形式向业主索赔：

1）索赔事件发生后 28 天内，向监理（业主）发出索赔意向通知；

2）发出索赔意向通知后 28 天内，向监理（业主）提出补偿经济损失和（或）延长工

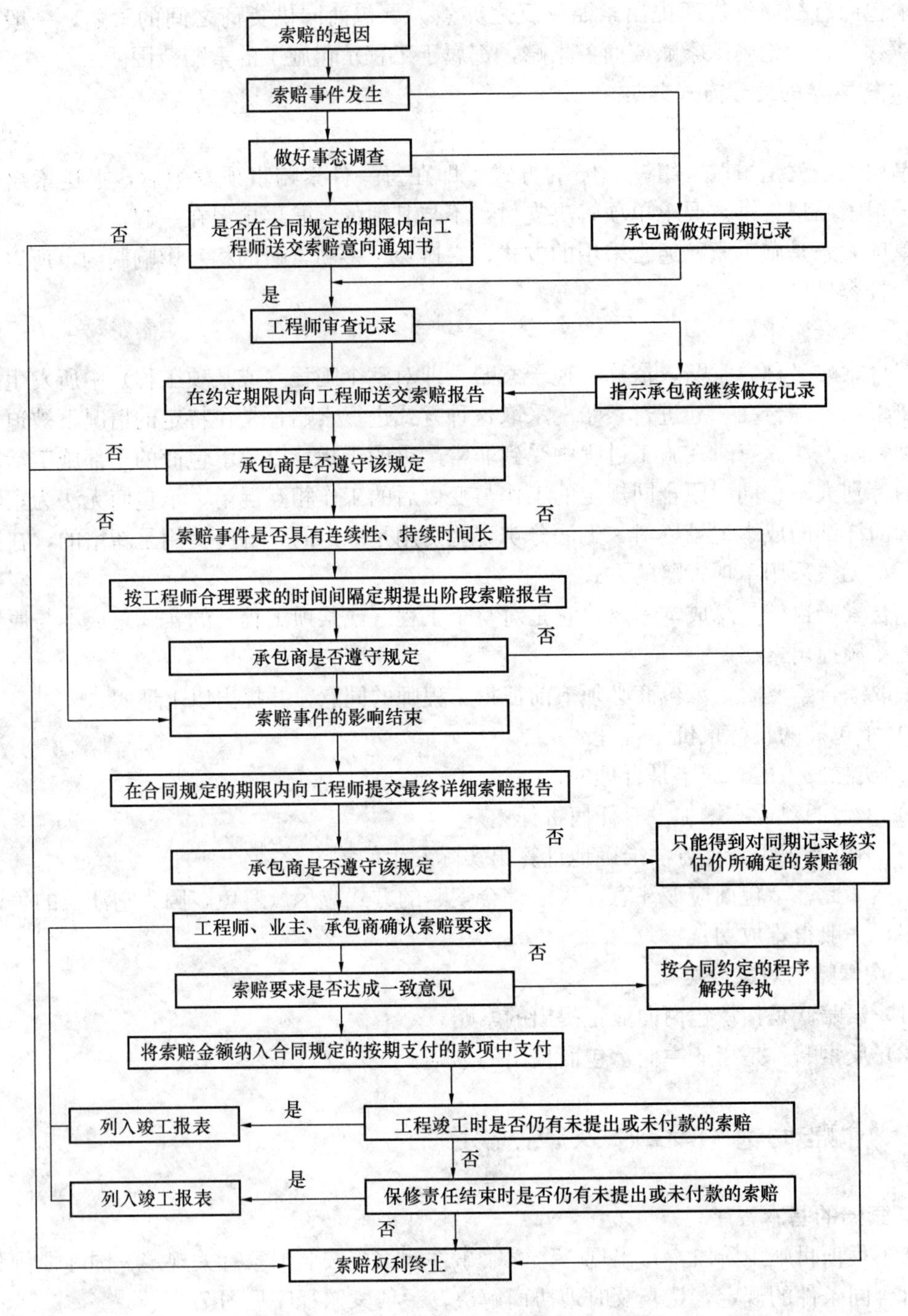

图 7-1 工程索赔一般程序

期的索赔报告及有关资料；

3）监理（业主）在收到承包商送交的索赔报告和有关资料后 28 天内给予答复，或要求承包商进一步补充索赔理由和证据；

4）监理（业主）在收到承包商送交的索赔报告和有关资料后 28 天内未予答复或未对承包商作进一步要求，视为该项索赔已经认可；

5）当该索赔事件持续进行时，承包商应当阶段性地向监理（业主）发出索赔意向，在索赔事件终了后28天内，向监理（业主）送交索赔的有关资料和最终索赔报告。索赔答复程序与3）、4）规定相同。

（2）承包商未能按合同约定履行自己的各项义务或发生错误，给业主造成经济损失，业主也按以上的时限向承包商提出索赔。双方如果在合同中对索赔的时限有约定的从其约定。

（四）索赔证据和索赔文件

1. 索赔证据

任何索赔事件的确立，其前提条件是必须有正当的索赔理由。对正当索赔理由的说明必须具有证据，因为索赔的进行主要是靠证据说话。没有证据或证据不足，索赔是难以成功的。这正如《建设工程施工合同文本》中所规定的，当合同一方向另一方提出索赔时，要有正当索赔理由，且有索赔事件发生时的有效证据。

（1）对索赔证据的要求

1）真实性。索赔证据必须是在实施合同过程中确定存在和发生的，必须完全反映实际情况，能经得住推敲；

2）全面性。所提供的证据应能说明事件的全过程。索赔报告中涉及的索赔理由、事件过程、影响、索赔值等都应有相应证据，不能片面和支离破碎；

3）关联性。索赔的证据应当能够互相说明，相互具有关联性，不能互相矛盾；

4）及时性。索赔证据的取得及提出应当及时；

5）具有法律证明效力。一般要求证据必须是书面文件，有关记录、协议、纪要必须是双方签署的；工程中重大事件、特殊情况的记录、统计必须由监理工程师签证认可。

（2）索赔证据的种类

1）招标文件、工程合同及附件、建设单位认可的施工组织设计、工程图纸、技术规范等；

2）工程各项有关的设计交底记录、变更图纸、变更施工指令等；

3）工程各项经业主或工程师签认的签证；

4）工程各项往来信件、指令、信函、通知、答复等；

5）工程各项会议纪要；

6）施工计划及现场实施情况记录；

7）施工日报及工长工作日志、备忘录；

8）工程送电、送水、道路开通、封闭的日期及数量记录；

9）工程停电、停水和干扰事件影响的日期及恢复施工的日期；

10）工程预付款、进度款拨付的数额及当期记录。

另外还有：工程图纸、图纸变更、交底记录的送达份数及日期记录。工程有关施工部位的照片及录像等。工程现场气候记录，有关天气的温度、风力、雨雪等。工程验收报告及各项技术鉴定报告等。工程材料采购、订货、运输、进场、验收、使用等方面的凭据。工程会计核算资料。国家和省、市有关影响工程造价、工期的文件、规定等。

2. 索赔文件

索赔文件是承包商向业主索赔的正式书面材料，也是业主审议承包商索赔请求的主要依据。

索赔文件通常包括三个部分：

1）索赔信

索赔信是一封承包商致业主或其代表的简短的信函，应包括以下内容：

① 说明索赔事件；

② 列举索赔理由；

③ 提出索赔金额与工期；

④ 附件说明。

整个索赔信是提纲挈领的材料，它把其他材料贯通起来。

2）索赔报告

索赔报告是索赔材料的正文，其结构一般包含三个主要部分。首先是报告的标题，应言简意赅地概括索赔的核心内容；其次是事实与理由，这部分应该叙述客观事实，合理引用合同规定，建立事实与损失之间的因果关系，说明索赔的合理合法性；最后是损失计算与要求赔偿金额及工期，这部分应列举各项明细数字及汇总数据。

需要特别注意的是，索赔报告的表述方式对索赔的解决有重大影响。一般要注意：

① 索赔事件要真实、证据确凿，令对方无可推却和辩驳

对事件叙述要清楚明确，避免使用“可能”、“也许”等估计猜测性语言，造成索赔说服力不强。

② 计算索赔值要合理、准确。要将计算的依据、方法、结果详细说明列出，这样易于对方接受，减少争议和纠纷。

③ 责任分析要清楚。一般索赔所针对的事件都是由于非承包商责任而引起的，因此，在索赔报告中必须明确对方负全部责任，而不可用含糊的语言，这样会丧失自己在索赔中的有利地位，使索赔失败。

④ 要强调事件的不可预见性和突发性，说明承包商对它不可能有准备，也无法预防，并且承包商为了避免和减轻该事件影响和损失已尽了最大的努力，采取了能够采取的措施，从而使索赔理由更加充分，更易于对方接受。

⑤ 明确阐述由于干扰事件的影响，使承包商的工程施工受到严重干扰，并为此增加了支出，拖延了工期，表明干扰事件与索赔有直接的因果关系。

⑥ 索赔报告书写用语应尽量婉转，避免使用强硬、不客气的语言，否则会给索赔带来不利的影响。

3）附件

① 索赔报告中所列举事实、理由、影响等的证明文件和证据。

② 详细计算书，这是为了证明索赔金额的真实性而设置的，为了简明可以大量选用图表。

3. 承包商索赔的主要内容与处理原则

（1）业主未能按合同约定的内容和时间完成应该做的工作

当业主未能按合同专用条款约定的内容和时间完成应该做的工作，导致工期延误或给

承包商造成损失的，承包商可以进行工期索赔或损失费用索赔。工期确认时间根据合同通用条款约定为 14 天。

（2）监理（业主）指令错误

因监理（业主）指令错误发生的追加合同价款和给承包商造成的损失、延误的工期，承包商可以根据合同通用条款的约定进行费用、损失费用和工期索赔。

（3）监理（业主）未能及时向承包商提供所需指令、批准

因监理（业主）未能按合同约定，及时向承包商提供所需指令、批准并履行约定的其他义务时，承包商可以根据合同通用条款的约定进行费用、损失费用和工期索赔。工期确认时间根据合同通用条款约定为 14 天。

（4）业主未能按合同约定时间提供图纸

因业主未能按合同专用条款第 4.1 款约定提供图纸，承包商可以根据合同通用条款的约定进行工期索赔。发生费用损失的，还可以进行费用索赔。工期确认时间根据合同通用条款约定为 14 天。

（5）延期开工

1）承包商可以根据合同通用条款的约定向监理（业主）提出延期开工的申请，申请被批准则承包商可以进行工期索赔。监理（业主）的确认时间为 48 小时。

2）业主根据合同通用条款的约定要求延期开工，承包商可以进行因延期开工造成的损失和工期索赔。

（6）地质条件发生变化

当开挖过程中遇到文物和地下障碍物时，承包商可以根据合同通用条款的约定进行费用、损失费用和工期索赔。

当业主没有完全履行告知义务，开挖过程中遇到地质条件显著异常与招标文件描述不同时，承包商可以根据合同通用条款的约定进行费用、损失费用和工期索赔。

当开挖后地基需要处理时，承包商应该按照设计院出具的设计变更单进行地基处理。承包商按照设计变更单的索赔程序进行费用、损失费用和工期的索赔。

（7）暂停施工

因业主原因造成暂停施工时，承包商可以根据合同通用条款第 12 条的约定进行费用、损失费用和工期索赔。

（8）因非承包商原因一周内停水、停电、停气造成停工累计超过 8 小时的，承包商可以根据合同通用条款的约定要求进行工期索赔。工期确认时间根据合同通用条款约定为 14 天。能否进行费用索赔视具体的合同约定而定。

（9）不可抗力

发生合同通用条款及专用条款约定的不可抗力，承包商可进行工期索赔。工期确认时间根据合同通用条款约定为 14 天。因业主一方迟延履行合同后发生不可抗力的，不能免除其迟延履行的相应责任。

（10）检查检验

监理（业主）对工程质量的检查检验不应该影响施工正常进行。如果影响施工正常进行，承包商可以根据合同通用条款的约定进行费用、损失费用和工期索赔。

（11）重新检验

当重新检验时检验合格，承包商可以根据合同通用条款的约定进行费用、损失费用和工期索赔。

(12) 工程变更和工程量增加

因工程变更引起的工程费用增加，按前述工程变更的合同价款调整程序处理。造成实际的工期延误和因工程量增加造成的工期延长，承包商可以根据合同通用条款的约定要求进行工期索赔。工期确认时间根据合同通用条款约定为14天。

(13) 工程预付款和进度款支付

工程预付款和进度款没有按照合同约定的时间支付，属于业主违约。承包商可以按照合同通用条款及专用条款的约定处理，并按专用条款的约定承担违约责任。

(14) 业主供应的材料设备

业主供应的材料设备，承包商按照合同通用条款第27条及专用条款的约定处理。

(15) 其他

合同中约定的其他顺延工期和业主违约责任，承包商视具体合同约定处理。

(五) 索赔费用的组成和操作实务

1. 索赔款的主要组成部分

索赔费用的组成部分同施工承包合同价所包含的组成部分一样，包括直接费、间接费和利润。从原则上说，凡是承包商有索赔权的工程成本增加，都是可以索赔的费用。

这些费用都是承包商为了完成额外的施工任务而增加的开支。但是，对于不同原因引起的索赔，可索赔费用的具体内容有所不同。同一种新增的成本开支，在不同原因、不同性质的索赔中，有的可以肯定地列入索赔款额中，有的则不能列入，还有的在能否列入的问题上需要具体分析判断。在具体分析费用的可索赔性时，应对各项费用的特点和条件进行审核论证：

(1) 人工费

人工费是指直接从事索赔事项建筑安装工程施工的生产工人开支的各项费用。主要包括：基本工资、工资性补贴、生产工人辅助工资、职工福利费、生产工人劳动保护费。

(2) 材料费

材料费是指施工过程中耗费的构成工程实体的原材料、辅助材料、构配件、零件、半成品的费用。主要包括：材料原价、材料运杂费、运输损耗费、采购保管费、检验试验费。对于工程量清单计价来说，还包括操作及安装损耗费。

为了证明材料原价，承包商应提供可靠的订货单、采购单，或造价管理机构公布的材料信息价格。

(3) 施工机械费

施工机械费的索赔计价比较繁杂，应根据具体情况协商确定。

1) 使用承包商自有的设备时，要求提供详细的设备运行时间和台数，燃料消耗记录，随机工作人员工作记录等。这些证据往往难以齐全准确，因而有时使双方争执不下。因此，在索赔计价时往往按照有关的预算定额中的台班单价计价。

2) 使用租赁的设备时，只要租赁价格合理，又有可信的租赁收费单据时，就可以按租赁价格计算索赔款。

3）索赔项目需要新增加机械设备时，双方事前协商解决。

（4）措施费

索赔项目造成的措施费用的增加，可以据实计算。

（5）企业管理费

企业组织施工生产和经营管理的费用，如：人员工资、办公、差旅交通等多项费用。企业管理费按照有关规定计算。

（6）利润

利润按照投标文件的计算方法计取。

（7）规费及税金

规费及税金按照投标文件的计算方法计取。

可索赔的费用，除了前述的人工费、材料、设备费、分包费、管理费、利息、利润等几个方面以外，有时，承包商还会提出要求补偿额外担保费用，尤其是当这项担保费的款额相当大时。对于大型工程，履行担保的额度款都很可观，由于延长履约担保所付的款额甚大，承包商有时会提出这一索赔要求，是符合合同规定的。如果履约担保的额度较小，或经过履约过程中对履约担保款额的逐步扣减，此项费用已无足轻重的，承包商亦会自动取消额外担保费的索赔，只提出主要的索赔款项，以利整个索赔工作的顺利解决。

在工程索赔的实践中，以下几项费用一般是不允许索赔的：

1）承包商对索赔事项的发生原因负有责任的有关费用；

2）承包商对索赔事项未采取减轻措施因而扩大的损失费用；

3）承包商进行索赔工作的准备费用；

4）索赔款在索赔处理期间的利息；

5）工程有关的保险费用，索赔事项涉及的一些保险费用，如工程一切险、工人事故保险、第三方保险等费用，均在计算索赔款时不予考虑，除非在合同条款中另有规定。

2. 工期索赔的计算

（1）比例法

在工程实施中，因业主原因影响的工期，通常可直接作为工期的延长天数。但是，当提供的条件能满足部分施工时，应按比例法来计算工期索赔值。

（2）相对单位法

工程的变更必然会引起劳动量的变化，这时我们可以用劳动量相对单位法来计算工期索赔天数。

（3）网络分析法

网络分析法是通过分析干扰事件发生前后的网络计划，对比两种工期的计算结果，从而计算出索赔工期。

（4）平均值计算法

平均值计算法是通过计算业主对各个分项工程的影响程度，然后得出应该索赔工期的平均值。

（5）其他方法

在实际工程中，工期补偿天数的确定方法可以是多样的。例如，在干扰事件发生前由双方商讨，在变更协议或其他附加协议中直接确定补偿天数。

3. 费用索赔计算

费用索赔是整个工程合同索赔的重要环节。费用索赔的计算方法，一般有以下几种：

（1）总费用法

总费用法是一种较简单的计算方法。其基本思路是，按现行计价规定计算索赔值，另外也可按固定总价合同转化为成本加酬金合同，即以承包商的额外成本为基础加上管理费和利润、税金等作为索赔值。

使用总费用法计算索赔值应符合以下几个条件：

1）合同实施过程中的总费用计算是准确的；工程成本计算符合现行计价规定；成本分摊方法、分摊基础选择合理；实际成本与索赔报价成本所包括的内容应一致。

2）承包商的索赔报价是合理的，反映实际情况。

3）费用损失的责任，或干扰事件的责任与承包商无任何关系。

（2）分项法

分项法是按每个或每类干扰事件引起费用项目损失分别计算索赔值的方法。其特点是：

1）比总费用法复杂；

2）能反映实际情况，比较科学、合理；

3）能为索赔报告的进一步分析、评价、审核明确双方责任提供依据；

4）应用面广，容易被人们接受。

（3）因素分析法

因素分析法亦称连环替代法。为了保证分析结果的可比性，应将各指标按客观存在的经济关系，分解为若干因素指标连乘形式。

4. 业主反索赔的内容与特点

反索赔的目的是维护业主方面的经济利益。为了实现这一目的，需要进行两方面的工作。首先，要对承包商的索赔报告进行评论和反驳，否定其索赔要求，或者削减索赔款额。其次，对承包商的违约之处，提出进一步的经济赔偿要求——反索赔，以抗衡承包商的索赔要求。

（1）对承包商履约中的违约责任进行索赔

主要是针对承包商在工期、质量、材料应用、施工管理等方面对违反合同条款的有关内容进行索赔。

（2）对承包商所提出的索赔要求进行评审、反驳与修正

一方面是对无理的索赔要求进行有理的驳斥与拒绝；另一方面在肯定承包商具有索赔权前提下，业主和工程师要对承包商提出的索赔报告进行详细审核，对索赔款的各个部分逐项审核、查对单据和证明文件，确定哪些不能列入索赔款额，哪些款额偏高，哪些在计算上有错误和重复。通过检查，削减承包商提出的索赔款额，使其更加准确。

【案例 7-1】某工程屋架施工前发现钢屋架的实际施工图与招标图不一致，实际施工图增加了钢材用量。由于清单中按“榀”计量，且不能在清单中进行调整，为此承包商向业主提出变更请求，得到业主充分的支持。经过计算后，双方协商了变更的单价，追加了钢材等原材料款项。对于这种招标图与施工图的差异变更，承包商采用了变更的途径，没

有就此提出索赔。

某五层办公楼，钢筋混凝土梁的混凝土强度等级，施工详图上标明为C30，但工程量清单中写为C25。承包商就此向工程师提出询问后，工程师正式复函：梁采用C30混凝土。因此楼面梁施工的同时承包商提出补偿C30和C25的价差。从楼面开始施工起，承包商着手准备资料，保留梁有关的施工数据，提交索赔报告。经过近一个月的审核及协商，此项索赔要求最终被业主接受。索赔款拖到工程竣工结算时才拿到。

【解析】两个工程都是招标图与施工图的差异。后者的承包商以此向业主提出施工索赔而不是提出工程变更申请，使自己处于被动的局面。

对于单一的工程变化，承包商应该主动提出工程变更请求，特别是施工前就发现的变化，处理起来比较快，而且能争取在施工前确定变更的单价，及时拿到变更款项。在工程变更中，承包商与业主处于平等地位。承包商对于变更单价的确定有主动参与权。而在施工索赔中，承包商往往处于被动的地位，业主会在索赔权论证是否合理、索赔额计算是否正确等方面做文章，想方设法拒绝索赔或者拖延对索赔的处理。

【案例7-2】某国际大酒店工程属于外资贷款项目，业主与承包商按照FIDIC《土木工程施工合同条件》签订了施工合同。施工合同《专用条件》规定：钢材、木材、水泥由业主供货到现场仓库，其他材料由承包商自行采购。合同中约定窝工人工费按10元/工日计算。闲置机械按正常台班费65%计取。且合同中约定若出现意外事件，费用核定时不计取管理费与利润。在工程进行过程中出现了以下事件：

事件一：当工程施工至第五层框架柱钢筋绑扎时，因业主提供的钢筋未到货，使该项作业从7月3日开工至7月16日停工（该项作业的总时差为零）；

事件二：7月7日至7月9日因现场停水、停电使第三层的砌砖停工（该项作业的总时差为4天）；

事件三：7月14日至7月17日因砂浆搅拌机发生故障使第一层抹灰开工推迟（该项作业的总时差为4天）；

承包商针对以上事件于7月20日向监理工程师提交了一份索赔意向书，并于7月25日提交了一份工期、费用索赔计算书和索赔依据的详细资料。其计算书如下：

（1）工期索赔：

1）框架柱绑扎：14天（7月3日至7月16日）；

2）砌砖：3天（7月7日至7月9日）；

3）抹灰：4天（7月14日至7月17日）。工期索赔共计21天。

（2）费用索赔：

1）窝工人工费用：

① 钢筋绑扎：45人×20.15元/工日×14天＝12694.5元；

② 砌砖：40人×20.15元/工日×3天＝2418元；

③ 抹灰：45人×20.15元/工日×4天＝3627元。

2）窝工机械费用：

① 塔吊一台：600元/天×14天＝8400元；

② 混凝土搅拌机一台：65元/天×14天＝910元；

③ 砂浆搅拌机一台：35元/天×(3＋4)天＝245元。

3）保函费延期补偿：

(2000万元×10%×6‰/365天)×21天=690.41元

4）增加管理费：

(12694.5+2418+3627+8400+910+245+690.41)元×15%=4373.74元

5）增加利润：

(12694.5+2418+3627+8400+910+245+690.41+4373.74)元×7%=2335.11元

费用索赔总计：

12694.5+2418+3627+8400+910+245+690.41+4373.74+2335.11
=35693.76元

问题：

（1）监理工程师如何判定承包商提出的工期索赔是否正确？应予批准的工期索赔为多少天？

（2）假定双方协商一致，窝工机械设备费用索赔按台班单价的65%计取；考虑对窝工工人应该合理安排从事其他作业后的降效损失，窝工人工费用索赔按10元/工日计取，保函费用计算方式合理；管理费用和利润不补偿。请计算费用索赔额。

【解析】

（1）对于承包商提出的工期索赔第一条正确；第二、三条不正确：

① 框架柱绑扎停工的计算日期为：7月3日至7月16日。共计14天。因为是由于业主提供的钢筋没有到货造成的，而且该项作业的总时差为0天，说明该作业在关键线路上。因此应该给予14天的工期补偿。

② 砌砖停工的计算日期为7月7日至7月9日，共计3天。因为虽然此项作业是由于业主的原因造成的，但该项作业的总时差为4天，停工3天并没有超出总时差。因此不应该给予工期补偿。

③ 抹灰停工的计算日期为7月14日至7月17日，共计4天。因为是由于承包商自身原因造成的。因此不应该给予工期补偿。

综上可知，应该批准的工期索赔为14天。

（2）费用索赔额：

1）窝工人工费用：

① 钢筋绑扎：此事件是由于业主原因造成的，但是窝工工人已安排从事其他作业，所以只考虑降效损失，题目已经给出人工索赔按10元/工日计取。

45人×10元/工日×14天=6300元

② 砌砖：此事件是由于业主原因造成的，但是窝工工人已安排从事其他作业，所以只考虑降效损失，人工索赔按10元/工日计取。

40人×10元/工日×3天=1200元

③ 抹灰：此事件是承包商自身原因造成的，所以不给予任何补偿。

2）机械费用：

① 塔吊一台：按照惯例闲置机械只计取折旧费用。

600元/天×14天×65%=5460元

② 混凝土搅拌机一台：按照惯例闲置机械只计取折旧费用。

65 元/天×14 天×65%=591.5 元

③ 砂浆搅拌机一台：按照惯例闲置机械只计取折旧费用。

35 元/天×3 天×65%=68.25 元

3）保函费延期补偿：

(2000 万元×10%×6‰/365 天)×14 天=460.27 元

4）管理费与利润不计取。

则费用索赔总计应为：

6300+1200+5460+591.5+68.25+460.27=14080 元

【案例 7-3】某工程业主与施工单位对某工程建设项目签订了施工合同，合同中规定，在施工过程中，如因业主原因造成窝工，则人工窝工费和机械的停工费可按工日费和台班费的 50%结算支付。业主还与监理单位签订了施工阶段的监理合同，合同中规定监理工程师可直接签证、批准 5 天以内的工期延期和 5000 元人民币以内的单项费用索赔。工程按网络计划进行，其关键线路为 A→E→H→I→J。在计划实施过程中，发生以下事件，使得一些工作暂时停工。(同一工作由不同原因引起的停工时间都不在同一时间)

(1) 因业主不能及时供应材料，使 E 延误 3 天，G 延误 2 天，H 延误 3 天。

(2) 因机械发生故障检修，使 E 延误 2 天，G 延误 2 天。

(3) 因业主要求设计变更，使 F 延误 3 天。

(4) 因公网停电，使 F 延误 1 天，I 延误 1 天。

上述事件发生后，施工单位及时向监理工程师提交了一份索赔申请报告，并附有有关资料、证据和下列要求：

1. 工期顺延

E 停工 5 天，F 停工 4 天，G 停工 4 天，H 停工 3 天，I 停工 1 天，总计要求工期顺延 17 天。

2. 经济损失索赔

(1) 机械设备窝工费

E 工序吊车 (3+2) 台班×240 元/台班=1200 元

F 工序搅拌机 (3+1) 台班×70 元/台班=280 元

G 工序小型机械 (2+2) 台班×55 元/台班=220 元

H 工序搅拌机 3 台班×70 元/台班=210 元

合计：机械设备窝工费 1910 元。

(2) 人工窝工费

E 工序 5 天×30 人×28 元/工日=4200 元

F 工序 4 天×35 人×28 元/工日=3920 元

G 工序 4 天×15 人×28 元/工日=1680 元

H 工序 3 天×35 人×28 元/工日=2940 元

I 工序 1 天×20 人×28 元/工日=560 元

合计：人工窝工费 13300 元。

(3) 间接费增加(1910+13300)×16%=2433.6 元

(4) 利润损失(1910+13300+2433.6)×5%=882.18 元

总计经济索赔额 1910＋13300＋2433.6＋882.18＝18525.78 元。

问题：

(1) 施工单位索赔申请书提出的工序顺延时间、停工人数、机械台班数和单价的数据等，经审查后均属实。监理工程师对所附各项工期顺延、经济索赔要求，如何确定认可？为什么？

(2) 监理工程师对认可的工期顺延和经济索赔金如何处理？为什么？

(3) 索赔事件发生后，施工单位应如何向业主进行索赔？

【解析】(1) 关于工期顺延和经济索赔

1) 工期顺延

由于非施工单位原因造成的并位于关键线路上的工序工期延误，应给予补偿：

因业主原因：E 工作补偿 3 天，H 工作补偿 3 天，G 工作为非关键工作不予补偿。

因业主要求变更设计：F 工作为非关键线路工序不予补偿。

因公网停电：I 工作补偿 1 天，F 工作为非关键线路工序不予补偿。因机械发生故障为承包商自身原因造成，不予补偿。

应补偿的工期：3＋3＋1＝7 天。

监理工程师认可顺延工期 7 天。

2) 经济索赔

机械闲置费：(3×240＋4×70＋2×55＋3×70)×50%＝660 元

人工窝工费：(3×30＋4×35＋2×15＋3×35＋1×20)×28×50%＝5390 元

因属暂时停工，间接费损失不予补偿；利润损失不予补偿。

经济补偿合计：660＋5390＝6050 元。

(2) 关于认可的工期顺延和经济索赔处理因经济补偿金额超过监理工程师 5000 元的批准权限，以及工期顺延天数超过了监理工程师 5 天的批准权限，故监理工程师审核签证经济索赔金额及工期顺延证书均应报业主审查批准。

(3) 施工单位应按下列程序进行索赔：

1) 索赔事件发生后 28 天内，向监理工程师发出索赔意向通知；

2) 发出索赔意向通知后的 28 天内，向监理工程师提出补偿经济损失和（或）延长工期的索赔报告及有关资料；

3) 监理工程师在收到承包人送交的索赔报告和有关资料后，于 28 天内给予答复，或要求承包人进一步补充索赔理由和证据；

4) 监理工程师在收到承包人送交的索赔报告和有关资料后 28 天内未给予答复或未对承包人作进一步要求，视为该项索赔已经认可；

5) 当该索赔实践持续进行时，承包人应当阶段性向监理工程师发出索赔意向，在索赔事件终了后 28 天内，向监理工程师提供索赔的有关资料和最终索赔报告。

八、工程量清单计价规范下的工程结算操作实务

（一）竣工验收

1. 竣工验收的含义

建设项目竣工验收是指由发包人、承包人和项目验收委员会，以项目批准的设计任务书和设计文件，以及国家或有关部门颁发的施工验收规范和质量检验标准为依据，按照一定的程序和手续，在项目建成并试生产合格后（工业生产性项目），对工程项目的总体进行检验和认证、综合评价和鉴定的活动。按照我国建设程序的规定，竣工验收是建设工程的最后阶段，是全面检验建设项目是否符合设计要求和工程质量检验标准的重要环节，审查投资使用是否合理的重要环节，是投资成果转入生产或使用的标志。只有经过竣工验收，建设项目才能实现由承包人管理向发包人管理的过渡，它标志着建设投资成果投入生产或使用，对促进建设项目及时投产或交付使用、发挥投资效果、总结建设经验有着重要的作用。

工业生产项目，须经试生产（投料试车）合格，形成生产能力，能正常生产出产品后，才能进行验收。非工业生产项目，应能正常使用，才能进行验收。

建设项目竣工验收，按被验收的对象划分，可以分为：单位工程验收、单项工程验收及工程整体验收（称为“动用验收”）。通常所说的建设项目竣工，指的是“动用验收”，是指发包人在建设项目按批准的设计文件所规定的内容全部建成后，向使用单位交工的过程。其验收程序是：整个建设项目按设计要求全部建成，经过第一阶段的交工验收，符合设计要求，并具备竣工图、竣工结算、竣工决算等必要的文件资料后，由建设项目主管部门或发包人，按照国家有关部门关于《建设项目竣工验收办法》的规定，及时向负责验收的单位提出竣工验收申请报告，按现行验收组织规定，接受由银行、物资、环保、劳动、统计、消防及其他有关部门组成的验收委员会或验收组的验收，办理固定资产移交手续。验收委员会或验收组负责建设项目的竣工验收工作，听取有关单位的工作报告，审阅工程技术档案资料，并实地查验建筑工程和设备安装情况，对工程设计、施工和设备质量等方面提出全面的评价。

2. 竣工验收的作用

（1）全面考核建设成果，检查设计、工程质量是否符合要求，确保项目按设计要求的各项技术经济指标正常使用。

（2）通过竣工验收办理固定资产使用手续，可以总结工程建设经验，为提高建设项目的经济效益和管理水平提供重要依据。

（3）建设项目竣工验收是项目建设的最后一个程序，是建设成果转入生产使用的标志，是审查投资使用是否合理的重要环节。

（4）建设项目建成投产交付使用后，能否达到设计指标、取得预期的效益，需要经过国家权威管理部门按照技术规范、技术标准组织验收确认，因此，竣工验收是建设项目转入投产使用的必要环节。

3. 竣工验收的条件

建设单位在收到施工单位提交的工程竣工报告，并具备以下条件后，方可组织勘察、设计、施工、监理等有关单位人员进行竣工验收：

（1）完成了工程设计和合同约定的各项内容。

（2）施工单位对竣工工程质量进行了检查，确认工程质量符合有关法律、法规和工程建设强制性标准，符合设计文件及合同要求，并提出工程竣工报告。该报告应经总监理工程师（针对委托监理的项目）、项目经理和施工单位有关负责人审核签字。

（3）有完整的技术档案和施工管理资料。

（4）建设行政主管部门及委托的工程质量监督机构等有关部门责令整改的问题全部整改完毕。

（5）对于委托监理的工程项目，具有完整的监理资料，监理单位提出工程质量评估报告，该报告应经总监理工程师和监理单位有关负责人审核签字。未委托监理的工程项目，工程质量评估报告由建设单位完成。

（6）勘察、设计单位对勘察、设计文件及施工过程中由设计单位签署的设计变更通知书进行检查，并提出质量检查报告。该报告应经该项目勘察、设计负责人和各自单位有关负责人审核签字。

（7）有规划、消防、环保等部门出具的验收认可文件。

（8）有建设单位与施工单位签署的工程质量保修书。

《建设工程质量管理条例》里规定的验收条件是：

（1）完成建设工程设计和合同约定的各项内容；

（2）有完整的技术档案和施工管理资料；

（3）有工程使用的主要建筑材料．建筑构配件和设备的进场试验报告；

（4）有勘察、设计、施工、工程监理等单位分别签署的质量合格文件；

（5）有施工单位签署的工程保修书。建设工程经验收合格的，方可交付使用。

4. 竣工验收的依据

竣工验收的依据可以概括为以下几项内容：

（1）上级主管部门对该项目批准的各种文件；

（2）可行性研究报告、初步设计文件及批复文件；

（3）施工图设计文件及设计变更洽商记录；

（4）国家颁布的各种标准和现行的施工质量验收规范；

（5）工程承包合同文件；

（6）技术设备说明书；

（7）关于工程竣工验收的其他规定；

（8）从国外引进的新技术和成套设备的项目，以及中资建设项目，要按照签订的合同和进口国提供的设计文件等进行验收；

（9）利用世界银行等国际金融机构贷款的建设项目，应按世界银行规定，按时编制

《项目完成报告》。

5. 竣工验收报告的内容

竣工验收报告一般由设计、施工、监理等单位提供单项总结或素材，由建设单位汇总和编制，应包括以下内容：

（1）工程建设概况：包括建设项目工程概况、建设依据、工程自然条件、建设规模、建设管理情况等。

（2）设计：包括设计概况（设计单位及其分工、设计指导思想等）、设计进度、设计特点、采用的新工艺、新技术、设计效益分析、对设计的评价。

（3）施工：包括施工单位及其分工、施工工期及主要实务工程量、采用的主要施工方案和施工技术、施工质量和工程质量评定、中间交接验收情况和竣工资料汇编、对施工的评价。

（4）试运行和生产考核：包括试运行组织、方案和试运行情况。

（5）生产准备：包括生产准备概况、生产组织机构及人员配备、生产培训制度及规章制度的建立、生产物资准备等。

（6）环境保护：主要包括污染源及其治理措施、环境保护组织及其规章制度的建立等。

（7）劳动生产安全卫生：包括劳动生产安全卫生的概况、劳动生产安全卫生组织及其规章制度的建立等。

（8）消防：包括消防设施的概况、消防组织及其规章制度的建立等。

（9）节能降耗：包括节能降耗设施及采取的措施的概况、节能降耗规章制度的建立等。

（10）投资执行情况：包括概预算执行情况、竣工决算、经济效益分析和评价。

（11）未完工程、遗留问题及其处理和安排意见。

（12）引进建设项目还应包括合同执行情况及外事工作方面的内容。

（13）工程总评语。

竣工验收委员会（验收组）出具竣工验收报告的内容应包括：项目名称、建设地址、项目类别、建设规模和主要工程量、建设性质、施工单位、工程开竣工时间、工程质量评定、工程总投资等。其中工程竣工验收意见应侧重于对设计、施工、环境保护、劳动安全卫生、消防等评价以及对概预算执行情况、经济效益分析评价和未完工程、遗留问题（工程缺陷，修复、补救措施等）等的处理意见及安排。该报告应由竣工验收委员会（验收组）主任委员、副主任委员、委员共同签署。

（二）竣工决算与结算

1. 竣工决算与结算的区别

竣工结算与竣工决算只有一字之差，但是两者有很大的区别：

（1）定义

竣工结算：是指施工企业在完成承发包合同所规定的全部内容，并交工验收之后，根据工程实施过程中所发生的实际情况及合同的有关规定而编制的，向业主提出自己应得的全部工程价款的工程造价文件。

竣工决算：是建设单位站在财务的角度上，核定的建设工程从筹建开始到竣工交付使用为止所花费的全部实际费用，是由建设单位编制的反映建设项目实际造价和投资效果的经济文件。

(2) 编制单位

工程竣工结算是施工企业预算部门编制的造价文件，工程竣工决算是项目建设单位财务部门编制的经济文件。

(3) 内容

竣工结算是施工企业承包施工的建筑安装工程的全部费用，它最终反映施工企业完成的施工产值；

竣工决算是建设工程从筹建到竣工交付使用为止的全部建设费用，它反映建设工程的投资效益。

(4) 作用

竣工结算：是施工企业与建设单位办理工程价款最终结算的依据，是施工企业与建设单位签订的建安工程合同终结的凭证，是建设单位编制竣工决算的主要资料。

竣工决算：是建设单位办理交付、验收、动用新增各类资产的依据，是竣工验收报告的重要组成部分。

通俗一点来说就是，竣工结算就是算价钱的，该部分是实际支付施工单位的工程款。竣工决算是财务上确定、核实工程形成资产金额的。

2. 竣工决算

(1) 竣工决算的作用

1) 全同反映竣工项目最初计划和最终建成的工程概况。

2) 考核竣工项目设计概算的执行结果。

3) 竣工决算核定竣工项目的新增固定资产和流动资产价值，是建设单位向使用或管理单位移交财产的依据。

4) 竣工决算全面反映了竣工项目建设全过程的财务情况。

5) 竣工决算界定了项目经营的基础，为项目进行后评估提供依据。

6) 竣工决算报告作为重要的技术经济文件，是存档的需要，也是工程造价积累的基础资料之一。

(2) 竣工决算报告的内容

竣工决算报告由竣工决算报告说明书、竣工决算报表、建设工程项目竣工图和工程造价比较分析四部分组成。

1) 竣工决算报告说明书。其主要内容包括：

① 建设工程项目概况，即对工程总的评价，一般从进度、质量、安全、环保等方面进行分析说明；

② 工程项目建设过程和管理中的重大事件、经验教训；

③ 会计账务的处理、财产物资状况及债权债务的清偿情况；

④ 资金节余、基本建设结余资金、基本建设收入等的上交分配情况；

⑤ 主要技术经济指标的分析、计算情况以及工程遗留问题等；

⑥ 基本建设项目管理及决算中存在的问题、建议；

⑦ 需说明的其他事项。

2）竣工决算报表。按规定，建设项目竣工财务决算报表按大、中型建设项目和小型建设项目分别制定。其中，大、中型建设项目竣工财务决算报表包括：建设项目竣工财务决算审批表；大、中型建设项目概况表；大、中型建设项目竣工财务决算表；大、中型建设项目交付使用资产总表；建设项目交付使用资产明细表。小型建设项目竣工财务决算报表包括：建设项目竣工财务决算审批表、小型建设项目竣工财务决算总表、建设项目交付使用资产明细表。

① 建设项目竣工财务决算审批表

该表作为竣工决算上报有关部门审批时使用。

② 大、中型建设项目概况表

该表综合反映大中型项目的基本概况，内容包括该项目总投资、建设起止时间、新增生产能力、主要材料消耗、建设成本、完成主要工程量和主要技术经济指标，为全面考核和分析投资效果提供依据。

③ 大、中型建设项目竣工财务决算表

该表是用来反映大中型建设项目的全部资金来源和资金占用情况，是考核和分析投资效果，落实结余资金，并作为报告上级核销基本建设支出和基本建设拨款的依据。在编制该表前应先编制项目竣工年度财务决算，根据编制出的竣工年度财务决算和历年财务决算编制项目的竣工财务决算。

④ 大、中型建设项目交付使用资产总表

该表反映建设项目建成后新增固定资产、流动资产、无形资产和其他资产价值的情况和价值，作为财产交接、检查投资计划完成情况和分析投资效果的依据。小型项目不编制交付使用资产总表，直接编制交付使用资产明细表即可。

⑤ 建设项目交付使用资产明细表

该表反映交付使用的固定资产、流动资产、无形资产和其他资产价值的明细情况，是办理资产交接和接收单位登记资产项目的依据，是使用单位建立资产明细账和登记新增资产价值的依据。大中型项目和小型项目都需要编制此表。

⑥ 小型建设项目竣工财务决算总表

由于小型建设项目内容比较简单，因此可将工程概况与财务情况合并编制一张竣工财务决算总表，该表主要反映小型建设项目的全部工程和财务情况。

编制的竣工决算报告需填制全套报表，必须完整。建设项目完建时的尾工工程，建设单位可根据概算所列投资额或尾工工程的实际情况测算投资支出列入竣工决算报告。但尾工工程投资额不得超过工程总投资的5％。对列入竣工决算报告的基建投资包干节余、基本建设收入、基建结余资金等财务问题，建设单位应提出处理意见。

3）建设工程项目竣工图。建设工程项目竣工图是真实记录各种地上地下建筑物、构筑物等情况的技术文件，是工程进行交工验收、维护、改建和扩建的依据。为确保竣工图质量，必须在施工过程中及时做好隐蔽工程检查记录，整理好设计变更文件。

4）工程造价比较分析。批准的概（预）算是考核建设工程实际造价的依据。在分析时，可将决算报表中所提供的实际数据和相关资料与批准的概（预）算指标进行对比，以反映出竣工项目总造价和单方造价是节约还是超支，在对比的基础上，找出节约和超支的内容和原因，总结经验教训，提出改进措施。

（3）编制竣工决算报告依据

1）经批准的初步设计、修正概算、变更设计文件以及批准的开工报告文件；

2）历年年度的基本建设投资计划；

3）经复核的历年年度的基本建设财务决算；

4）与有关部门或单位签订的施工合同、投资包干合同和竣工结算文件，与有关单位签订的重要经济合同（或协议）等有关文件；

5）历年有关物资、统计、财务会计核算、劳动工资、环境保护等有关资料；

6）工程质量鉴定、检验等有关文件，工程监理有关资料；

7）施工企业交工报告等有关技术经济资料；

8）有关建设项目副产品、简易投产、试生产、重载负荷试车等产生基本建设收入的财务资料；

9）其他有关的重要文件。

3. 竣工结算操作实务

工程完工后，发承包双方必须在合同约定时间内办理工程竣工结算。工程竣工结算应由承包人或受其委托具有相应资质的工程造价咨询人编制，并应由发包人或受其委托具有相应资质的工程造价咨询人核对。

当发承包双方或一方对工程造价咨询人出具的竣工结算文件有异议时，可向工程造价管理机构投诉，申请对其进行执业质量鉴定。

竣工结算办理完毕，发包人应将竣工结算文件报送工程所在地或有该工程管辖权的行业管理部门的工程造价管理机构备案竣工结算文件应作为工程竣工验收备案、交付使用的必备文件。

（1）工程竣工结算根据下列依据编制和复核：

1）2013 版《规范》；

2）工程合同；

3）发承包双方实施过程中已确认的工程量及其结算的合同价款；

4）发承包双方实施过程中已确认调整后追加（减）的合同价款；

5）建设工程设计文件及相关资料；

6）投标文件；

7）其他依据。（参见 2013 版《规范》11.2.1）

（2）分部分项工程和措施项目中的单价项目应依据发承包双方确认的工程量与已标价工程量清单的综合单价计算；发生调整的，应以发承包双方确认调整的综合单价计算。（参见 2013 版《规范》11.2.2）

（3）措施项目中的总价项目应依据已标价工程量清单的项目和金额计算；发生调整的，应以发承包双方确认调整的金额计算。其中安全文明施工费应按参见 2013 版《规范》相关的规定（3.1.5 措施项目中的安全文明施工费必须按国家或省级、行业建设主管部门的规定计算，不得作为竞争性费用）计算。（参见 2013 版《规范》11.2.3）

（4）其他项目应按下列规定计价：

1）计日工应按发包人实际签证确认的事项计算；

2）暂估价应按 2013 版《规范》第 9.9 节的规定计算；

3）总承包服务费应依据已标价工程量清单金额计算；发生调整的，应以发承包双方确认调整的金额计算；

4）索赔费用应依据发承包双方确认的索赔事项和金额计算；

5）现场签证费用应依据发承包双方签证资料确认的金额计算；

6）暂列金额应减去合同价款调整（包括索赔、现场签证）金额计算，如有余额归发包人。（参见 2013 版《规范》11.2.4）

（5）发承包双方在合同工程实施过程中已经确认的工程计量结果和合同价款，在竣工结算办理中应直接进入结算。（参见 2013 版《规范》11.2.6）

（6）竣工结算

1）合同工程完工后，承包人应在经发承包双方确认的合同工程期中价款结算的基础上汇总编制完成竣工结算文件，应在提交竣工验收申请的同时向发包人提交竣工结算文件。

承包人未在合同约定的时间内提交竣工结算文件，经发包人催告后 14 天内仍未提交或没有明确答复的，发包人有权根据已有资料编制竣工结算文件，作为办理竣工结算和支付结算款的依据，承包人应予以认可。（参见 2013 版《规范》11.3.1）

2）发包人应在收到承包人提交的竣工结算文件后的 28 天内核对。发包人经核实，认为承包人应进一步补充资料和修改结算文件，应在上述时限内向承包人提出核实意见，承包人在收到核实意见后 28 天内应按照发包人提出的合理要求补充资料，修改竣工结算文件，并应再次提交给发包人复核后批准。（参见 2013 版《规范》11.3.2）

3）发包人应在收到承包人再次提交的竣工结算文件后的 28 天内予以复核，将复核结果通知承人，并应遵守下列规定：

① 发包人、承包人对复核结果无异议的，应在 7 天内在竣工结算文件上签字确认，竣工结算办理完毕；

② 发包人或承包人对复核结果认为有误的，无异议部分按照本条第 1 款规定办理不完全竣工结算；有异议部分由发承包双方协商解决；协商不成的，应按照合同约定的争议解决方式处理。（参见 2013 版《规范》11.3.3）

4）发包人在收到承包人竣工结算文件后的 28 天内，不核对竣工结算或未提出核对意见的，应视为承包人提交的竣工结算文件已被发包人认可，竣工结算办理完毕。（参见 2013 版《规范》11.3.4）

5）承包人在收到发包人提出的核实意见后的 28 天内，不确认也未提出异议的，应视为发包人提出的核实意见已被承包人认可，竣工结算办理完毕。（参见 2013 版《规范》11.3.5）

6）发包人委托工程造价咨询人核对竣工结算的，工程造价咨询人应在 28 天内核对完毕，核对结论与承包人竣工结算文件不一致的，应提交给承包人复核；承包人应在 14 天内将同意核对结论或不同意见的说明提交工程造价咨询人。工程造价咨询人收到承包人提出的异议后，应再次复核，复核无异议的，应按本规范第 11.3.3 条第 1 款的规定办理，复核后仍有异议的，按本规范第 11.3.3 条第 2 款的规定办理。承包人逾期未提出书面异

议的，应视为工程造价咨询人核对的竣工结算文件已经承包人认可。（参见2013版《规范》11.3.6）

7）对发包人或发包人委托的工程造价咨询人指派的专业人员与承包人指派的专业人员经核对后无异议并签名确认的竣工结算文件，除非发承包人能提出具体、详细的不同意见，发承包人都应在竣工结算文件上签名确认，如其中一方拒不签认的，按下列规定办理：

① 若发包人拒不签认的，承包人可不提供竣工验收备案资料，并有权拒绝与发包人或其上级部门委托的工程造价咨询人重新核对竣工结算文件。

② 若承包人拒不签认的，发包人要求办理竣工验收备案的，承包人不得拒绝提供竣工验收资料，否则，由此造成的损失，承包人承担相应责任。（参见2013版《规范》11.3.7）

8）合同工程竣工结算核对完成，发承包双方签字确认后，发包人不得要求承包人与另一个或多个工程造价咨询人重复核对竣工结算。（参见2013版《规范》11.3.8）

9）发包人对工程质量有异议，拒绝办理工程竣工结算的，已竣工验收或已竣工未验收但实际投入使用的工程，其质量争议应按该工程保修合同执行，竣工结算应按合同约定办理；已竣工未验收且未实际投入使用的工程以及停工、停建工程的质量争议，双方应就有争议的部分委托有资质的检测鉴定机构进行检测，并应根据检测结果确定解决方案，或按工程质量监督机构的处理决定执行后办理竣工结算，无争议部分的竣工结算应按合同约定办理。（参见2013版《规范》11.3.9）

（7）结算款支付

1）承包人应根据办理的竣工结算文件向发包人提交竣工结算款支付申请。申请包括：

① 竣工结算合同价款总额；

② 累计已实际支付的合同价款；

③ 应预留的质量保证金；

④ 实际应支付的竣工结算款金额。（参见2013版《规范》11.4.1）

2）发包人应在收到承包人提交竣工结算款支付申请后7天内予以核实，向承包人签发竣工结算支付证书。（参见2013版《规范》11.4.2）

3）发包人签发竣工结算支付证书后的14天内，应按照竣工结算支付证书列明的金额向承包人支付结算款。（参见2013版《规范》11.4.3）

4）发包人在收到承包人提交的竣工结算款支付申请后7天内不予核实，不向承包人签发竣工结算支付证书的，视为承包人的竣工结算款支付申请已被发包人认可；发包人应在收到承包人提交的竣工结算款支付申请7天后的14天内，按照承包人提交的竣工结算款支付申请列明的金额向承包人支付结算款。（参见2013版《规范》11.4.4）

5）发包人未按照以上第（3）条、第（4）条规定支付竣工结算款的，承包人可催告发包人支付，并有权获得延迟支付的利息。发包人在竣工结算支付证书签发后或者在收到承包人提交的竣工结算款支付申请7天后的56天内仍未支付的，除法律另有规定外，承包人可与发包人协商将该工程折价，也可直接向人民法院申请将该工程依法拍卖。承包人应就该工程折价或拍卖的价款优先受偿。（参见2013版《规范》11.4.5）

（三）保修费用的处理

1. 工程质量保证金与质量保修金

（1）质量保证金

发包人应按照合同约定的质量保证金比例从结算款中预留质量保证金。（参见 2013 版《规范》11.5.1 条）

《建设工程质量保证金管理暂行办法》第六条：建设工程竣工结算后，发包人应按照合同约定及时向承包人支付工程结算价款并预留保证金。

第七条：全部或者部分使用政府投资的建设项目，按工程价款结算总额 5%左右的比例预留保证金。社会投资项目采用预留保证金方式的，预留保证金的比例可参照执行。

质量保证金用于承包人按照合同约定履行属于自身责任的工程缺陷修复义务，为发包人有效监督承包人完成缺陷修复提供资金保证。

承包人未按照合同约定履行属于自身责任的工程缺陷修复义务的，发包人有权从质量保证金中扣除用于缺陷修复的各项支出。经查验，工程缺陷属于发包人原因造成的，应由发包人承担查验和缺陷修复的费用。（参见 2013 版《规范》11.5.2 条）

在合同约定的缺陷责任期终止后，发包人应按照本规范第 11. 6 节的规定，将剩余的质量保证金返还给承包人。（参见 2013 版《规范》11.5.3 条）

《建设工程质量保证金管理暂行办法》第九条：缺陷责任期内，承包人认真履行合同约定的责任，到期后，承包人向发包人申请返还保证金。

第十条：发包人在接到承包人返还保证金申请后，应于 14 日内会同承包人按照合同约定的内容进行核实。如无异议，发包人应当在核实后 14 日内将保证金返还给承包人，逾期支付的，从逾期之日起，按照同期银行贷款利率计付利息，并承担违约责任。发包人在接到承包人返还保证金申请后 14 日内不予答复，经催告后 14 日内仍不予答复，视同认可承包人的返还保证金申请。

那么我们可以总结出：

1）质量保证金用于承包人按照合同约定履行数据自身责任的工程缺陷修复义务，为发包人有效监督承包人完成缺陷修复提供资金保证；

2）发包人应按照合同约定的质量保证金比例从结算款中扣留质量保证金；

3）在缺陷责任期终止后的 14 天内，发包人返还质量保证金。返还不能免除责任。

（2）质量保证金与质量保修金的对比分析（表 8-1）

质量保证金与质量保修金的对比分析表　**表 8-1**

比较内容		质量保证金	质量保修金
共同点	性质	承包人为保证施工合同的履行而进行的一种担保	
	来源	从应付的工程款中预留	
不同点	概念	承包人用于保证在缺陷责任期内履行缺陷修复义务的金额	双方合同中约定或承包方再工程保修书中承诺，用以维修工程在保修期限和保修范围内出现的质量缺陷的资金
	目的	保证承包人在缺陷责任期内对建设工程出现的缺陷进行修复	确保保修所需资金及时到位，约束施工单位履行保修义务
	使用阶段	缺陷责任期	工程保修期

(3) 缺陷责任期与工程保修期的对比分析

缺陷责任期是指承包人承诺在此期间内发生的由于工程质量本身引起的问题应全责处理，由此产生的费用由其自身承担。承包人在此期间应主动定期或不定期地对所施工的工程进行检查、回访，及时发现问题并解决。

保修期是指相当于缺陷责任期过后，发包人全面负责养护管理。在此期间发生的质量等问题，承包人有义务为发包人进行修复，但所发生费用的承担视情况而定（例如超过保修期承包人无义务实施保修，若业主委托实施则需要承担相应费用；保修期内如因发包人原因造成质量问题则由发包人承担相应费用；保修期内如因承包人施工原因造成质量问题则由承包人承担相应费用）。发生质量问题时，承包人应随时响应业主的要求。

缺陷责任期与工程保修期的对比分析见表8-2。

缺陷责任期与工程保修期对比分析表　　**表8-2**

比较内容	缺陷责任期	工程保修期
实质	发包人预留质量保证金的一个期限	承包人对合同工程承担保修责任的一个期限
起点时间	工程竣工验收合格之日起或者实际竣工之日起（由于发包人原因导致工程无法按期交工的，在承包人递交竣工验收报告90天后，工程自动进入缺陷责任期）	工程竣工验收合格之日起
期限依据	由发承包双方在合同中约定，通常为6个月、12个月或24个月	按照法律法规强制标准和合同要求而定，最低为2年
书面承诺	发承包双方不需出具书面承诺	发承包双方出具书面承诺。签订《工程质量保证书》

2. 2013版《建设工程施工合同（示范文本）》中相关规定

(1) 缺陷责任与保修

1) 工程保修原则

在工程移交发包人后，因承包人原因产生的质量缺陷，承包人应承担质量缺陷责任和保修义务。缺陷责任期届满，承包人仍应按合同约定的工程各部位保修年限承担保修义务。

2) 缺陷责任期

缺陷责任期自实际竣工日期起计算，合同当事人应在专用合同条款约定缺陷责任期的具体期限，但该期限最长不超过24个月。

单位工程先于全部工程进行验收，经验收合格并交付使用的，该单位工程缺陷责任期自单位工程验收合格之日起算。因发包人原因导致工程无法按合同约定期限进行竣工验收的，缺陷责任期自承包人提交竣工验收申请报告之日起开始计算；发包人未经竣工验收擅自使用工程的，缺陷责任期自工程转移占有之日起开始计算。

工程竣工验收合格后，因承包人原因导致的缺陷或损坏致使工程、单位工程或某项主要设备不能按原定目的使用的，则发包人有权要求承包人延长缺陷责任期，并应在原缺陷责任期届满前发出延长通知，但缺陷责任期最长不能超过24个月。

任何一项缺陷或损坏修复后，经检查证明其影响了工程或工程设备的使用性能，承包人应重新进行合同约定的试验和试运行，试验和试运行的全部费用应由责任方承担。

除专用合同条款另有约定外，承包人应于缺陷责任期届满后 7 天内向发包人发出缺陷责任期届满通知，发包人应在收到缺陷责任期满通知后 14 天内核实承包人是否履行缺陷修复义务，承包人未能履行缺陷修复义务的，发包人有权扣除相应金额的维修费用。发包人应在收到缺陷责任期届满通知后 14 天内，向承包人颁发缺陷责任期终止证书。

3）质量保证金

经合同双方当事人协商一致扣留质量保证金的，应在专用合同条款中予以明确。

① 承包人提供质量保证金有以下三种方式：

A. 质量保证金保函；

B. 相应比例的工程款；

C. 双方约定的其他方式。

除专用合同条款另有约定外，质量保证金原则上采用质量保证金保函方式。从上述描述里我们可以看出并非一定要扣留质量保证金。

② 质量保证金的扣留有以下三种方式：

A. 在支付工程进度款时逐次扣留，在此情形下，质量保证金的计算基数不包括预付款的支付、扣回以及价格调整的金额；

B. 工程竣工结算时一次性扣留质量保证金；

C. 双方约定的其他扣留方式。

除专用合同条款另有约定外，质量保证金的扣留原则上采用上述 A. 方式。发包人累计扣留的质量保证金不得超过结算合同价格的 5%，如承包人在发包人签发竣工付款证书后 28 天内提交质量保证金保函，发包人应同时退还扣留的作为质量保证金的工程价款。

③ 质量保证金的返还发包人应按 2013 版《合同范本》14.4 条（最终结清）的约定退还质量保证金。

（2）保修

1）保修责任

工程保修期从工程竣工验收合格之日起算，具体分部分项工程的保修期由合同双方当事人在专用合同条款中约定，但不得低于法定最低保修年限。在工程保修期内，承包人应当根据有关法律规定以及合同约定承担保修责任。

发包人未经竣工验收擅自使用工程的，保修期自转移占有之日起算。

2）修复费用

保修期内，修复的费用按照以下约定处理：

① 保修期内，因承包人原因造成工程的缺陷、损坏，承包人应负责修复，并承担修复的费用以及因工程的缺陷、损坏造成的人身伤害和财产损失；

② 保修期内，因发包人使用不当造成工程的缺陷、损坏，可以委托承包人修复，但发包人应承担修复的费用，并支付承包人合理利润；

③ 因其他原因造成的工程的缺陷、损坏，可以委托承包人修复，发包人应承担修复的费用，并支付承包人合理的利润，因工程的缺陷、损坏造成的人身伤害和财产损失由责任方承担。

3）修复通知

在保修期内，发包人在使用过程中，发现已接收的工程存在缺陷或损坏的，应书面通知承包人予以修复，但情况紧急必须立即修复缺陷或损坏的，发包人可以口头通知承包人并在口头通知后48小时内书面确认，承包人应在专用合同条款约定的合理 期限内到达工程现场并修复缺陷或损坏。

4）未能修复

因承包人原因造成工程的缺陷或损坏，承包人拒绝维修或未能在合理期限内修复缺陷或损坏，且经发包人书面催告后仍未修复的，发包人有权自行修复或委托第三方修复，所需费用由承包人承担。但修复范围超出缺陷或损坏范围的，超出范围部分的修复费用由发包人承担。

在保修期内，为了修复缺陷或损坏，承包人有权出入工程现场，除情况紧急必须立即修复缺陷或损坏外，承包人应提前24小时通知发包人进场修复的时间。承包人进入工程现场前应获得发包人同意，且不应影响发包人正常的生产经营，并应遵守发包人有关保安和保密等规定。

3. 工程质量保修范围和内容

发承包双方在工程质量保修书中约定的建设工程的保修范围包括：地基基础工程、主体结构工程、屋面防水工程、有防水要求的卫生间、房间和外墙面的防渗漏，供热与供冷系统，电气管线、给排水管道、设备安装和装修工程，以及双方约定的其他项目。具体保修的内容，双方在工程质量保修书中约定。

由于用户使用不当或自行修饰装修、改动结构、擅自添置设施或设备而造成建筑功能不良或损坏者，以及对因自然灾害等不可抗力造成的质量损害，不属于保修范围。

缺陷责任期为发承包双方在工程质量保修书中约定的期限。但不能低于《建设工程质量管理条例》要求的最低保修期限。对建设工程在正常使用条件下的最低保修期限的要求为：

（1）地基基础工程和主体结构工程，为设计文件规定的该工程的合理使用年限；

（2）屋面防水工程、有防水要求的卫生间、房间和外墙面的防渗漏为五年；

（3）供热与供冷系统为两个采暖期和供热期；

（4）电气管线、给排水管道、设备安装和装修工程为二年；

（5）其他项目的保修期限由建设单位和施工单位约定。

质量保修是指对房屋建筑工程竣工验收后在保修期限内出现的质量缺陷，予以修复。

通常来讲保修期是长于缺陷责任期的，特别是对于大型工程。

【案例8-1】下列情形中、属于保修范围的有哪些?

① 业主将住宅屋顶改造为屋顶花园，造成屋面漏水。

② 因预埋件松动造成设备的损坏。

③ 因地震造成主体结构倾斜。

④ 因风吹日晒造成外墙装饰脱落。

⑤ 因他人故意纵火损毁装修工程。

【分析】根据《建设工程质量监理条例》第四十一条：建设工程在保修范围和保修期限内发生质量问题的，施工单位应当履行保修义务，并对造成的损失承担赔偿责任。

① 是由于业主后期人为破坏造成的，不属于施工质量造成的渗漏，也就不属于施工

单位的保修范围。

② 和④是由于施工单位施工过程中由于施工工艺或其他原因造成施工质量缺陷而造成的，属于施工单位的保修范围。

③ 和⑤是由于不可抗力成意外事件造成的，不是施工单位的原因造成的，故不属于施工单位的保修范围。

【案例 8-2】某开发商与施工总承包单位按照《建设工程施工合同（示范文本）》签订了施工总包合同。工程竣工验收后，施工总承包单位于 2012 年 12 月 28 日向建设单位提交了竣工验收报告，建设单位于 2013 年 1 月 5 日确认验收通过，并开始办理工程结算。请确定本工程的竣工验收日期为哪天?

【分析】竣工日期一般在施工合同中予以明确。而实际竣工日期往往引起争议。有时承包方可能会比合同预计的期限提前完工，有时也可能因种种原因不能如期完工，而工程完工与竣工验收合格日期也可能存在时间差，究竟哪个时间做为实际竣工日期至关重要。确定建设工程实际竣工日期，其法律意义涉及给付工程款的本金及利息起算时间，计算违约金的数额以及风险转移等诸多问题。

当事双方对建设工程实际竣工日期有争议的，可按照以下情形处理：

① 建设工程经竣工验收合格的，以竣工验收合格之日为竣工日期。

② 承包人已提交竣工验收报告，发包人拖延验收的，以承包人提交验收报告之日为竣工日期。

③ 建设工程未经竣工验收，发包人擅自使用的，以转移占有建设工程之日为竣工日期。

由题目中可知，总承包单位 12 月 28 日上报竣工验收后，建设单位于 1 月 5 日组织验收并通过说明建设单位并未故意拖延验收。故本工程的竣工验收日期为 2013 年 1 月 5 日。

参 考 文 献

[1] 中华人民共和国住房和城乡建设部. GB 50500—2013 建设工程工程量清单计价规范[S]. 北京：中国计划出版社，2013.4.

[2] 中华人民共和国住房和城乡建设部标准定额研究所. 建设工程工程量清单计价规范 宣贯辅导教材[M]. 北京：中国计划出版社，2008.9.

[3] 全国造价工程师执业资格考试培训教材编审委员会. 建设工程计价[M]. 北京：中国计划出版社，2013.

[4] 全国造价工程师执业资格考试培训教材编审委员会. 建设工程造价管理[M]. 北京：中国计划出版社，2013.

[5] 赵进喜. 工程量清单计价模式下索赔费用确定问题研究[D]. 天津理工大学，2012.

[6] 刘渊. 工程量清单计价及运用问题之思考[D]. 重庆大学，2009.

[7] 刘良军. 工程变更项目综合单价确定及其争议管理研究[D]. 北方交通大学.

[8] 严玲，尹贻林. 工程计价实务[M]. 北京：科学出版社，2010.

[9] 郭凯寅. 工程价款管理体系研究[D]. 天津理工大学，2011.

[10] 李建峰. 工程计价与造价管理[M]. 北京：中国电力出版社，2012.

[11] 梁监. 国际工程施工索赔[M]. 北京：中国建筑工业出版社，2011.

[12] 丰艳萍，邹坦. 工程造价管理[M]. 北京：机械工业出版社，2012.

[13] 徐蓉. 工程造价管理[M]. 上海：同济大学出版社，2005.

[14] 董宇. 工程变更项目综合单价确定及其管理研究[D]. 天津理工大学，2012.

[15] 李欣欣. 工程量清单计价模式的研究[D]. 天津大学，2011.

[16] 张治成，何国欣. 工程量清单计价[M]. 郑州：黄河水利出版社，2008.

[17] 赵军. 建设工程工程量清单计价规范操作实务[M]. 北京：中国建材工业出版社，2013.

[18] 刘黎虹. 工程招投标与合同管理[M]. 北京：机械工业出版社，2009.